Younoussa NOMA TALIBI

Avaliação da degradação das terras e dos serviços ecossistémicos

Younoussa NOMA TALIBI

Avaliação da degradação das terras e dos serviços ecossistémicos

no Terroir de Fandou Mayaki (Tillabéri/ Níger)

ScienciaScripts

Imprint

Cover image: www.ingimage.com

This book is a translation from the original published under ISBN 978-620-6-72757-6.

Publisher:
Sciencia Scripts
is a trademark of
Dodo Books Indian Ocean Ltd. and OmniScriptum S.R.L publishing group

120 High Road, East Finchley, London, N2 9ED, United Kingdom
Str. Armeneasca 28/1, office 1, Chisinau MD-2012, Republic of Moldova, Europe
Printed at: see last page
ISBN: 978-620-8-33229-7

ÍNDICE DE CONTEÚDOS

AGRADECIMENTOS

No final deste trabalho, gostaríamos de começar por agradecer a ALLAH, o Todo-Poderoso, por nos ter dado tempo, paciência e coragem para elaborar este documento.

Gostaríamos também de expressar a nossa profunda gratidão a todos aqueles que contribuíram de alguma forma para o seu sucesso.

Antes de mais, gostaríamos de expressar a nossa gratidão e profundo apreço ao nosso orientador de tese, o Professor ***BOUZOU MOUSSA Ibrahim****, que, apesar das suas múltiplas ocupações, aceitou supervisionar este trabalho. Muito obrigado Professor pela sua disponibilidade, pelo seu rigor científico e pelos seus conselhos que permitiram a elaboração deste documento.*

Os nossos agradecimentos vão também para os membros do júri:

O Professor ***WAZIRI MATO Maman****, que aceitou presidir ao júri deste exame;*

Dr. ***BAHARI IBRAHIM Mahamadou*** *que aceitou examinar e avaliar este trabalho;*

Gostaríamos também de agradecer ao Dr. TAHIROU Souley, que nos ajudou a processar os dados climáticos e as imagens de satélite, e pelos sábios conselhos que nos deu. Obrigado, Grande Irmão, pelo teu encorajamento e apoio;

Gostaríamos também de agradecer ao pessoal docente e aos PATs do Departamento de Geografia pela formação que nos deram, pelos seus conselhos e encorajamento.

Gostaríamos também de agradecer ao chefe do sector de Fandou Mayaki (DJIBO SALAH), que muito nos ajudou durante a fase de recolha de dados, bem como a toda a população das várias aldeias inquiridas e, em especial, à família de Issoufa MOUSSA, que me proporcionou alojamento durante a fase de campo. Gostaria de lhes exprimir a minha gratidão, e que Alá vos recompense e acrescente isto às vossas boas acções.

Gostaríamos também de agradecer à turma de Master2 2020-2021 em geral e à nossa equipa de investigação em particular. Obrigado pelo tempo partilhado, pelas trocas frutuosas e, sobretudo, pela paciência que tiveram ao longo desta fase de formação e investigação.

E a todos aqueles cujos nomes não são mencionados aqui e que contribuíram de uma forma ou de outra, gostaria de expressar a minha gratidão e agradecimento.

DEDICAÇÃO

*Dedico este trabalho de estudo e de investigação, antes de mais, aos meus queridos pais: **NOMA TALIBI** e **RAMATOU HAINIKOYE** pelos seus esforços e sacrifícios feitos ao longo da minha vida e dos quais me mantive afastado durante os meus estudos. Gostaria de lhes exprimir a minha gratidão por tudo o que sempre fizeram por mim.*

Que Alá vos recompense e vos dê uma longa vida, queridos pais. AMEEN !!!!!! Depois, para os meus falecidos tutores:

ADA BANA BACHIROU MAMAN SEYDOU SAWANI

Que Alá tenha piedade de vós e vos perdoe os vossos pecados;

Que Alá faça desta obra uma obra que vos conduza ao Paraíso.

AMEEN !!!!!!!

Para além disso, este livro de memórias é dedicado a todos aqueles que me são queridos. Que eles encontrem aqui a expressão da minha

uma profunda gratidão que as palavras não podem descrever.

RESUMO

Desde há várias décadas que o Sahel, em geral, e o Níger, em particular, registam variações climáticas extremas. Esta situação, associada a fortes pressões humanas, conduziu a uma perda do coberto vegetal, expondo os solos aos efeitos da erosão e da degradação estrutural e diversificada. Como resultado, os recursos naturais estão a ser degradados e o valor dos serviços dos ecossistemas está a perder-se. O município de Tondikandia não está imune a esta situação, daí o interesse demonstrado em avaliar a degradação dos solos e os serviços dos ecossistemas, e em propor alternativas de desenvolvimento. Para a realização deste estudo, foram recolhidos dados qualitativos e quantitativos junto dos chefes de famílias agrícolas em quatro aldeias da área de estudo, foram processados, analisados e interpretados dados climáticos e granulométricos e foram processadas imagens de satélite para confirmar o que foi observado no terreno.

Os resultados destas análises mostram que a degradação das terras deste Terroir se encontra numa fase avançada, o que conduziu a uma perturbação da prestação de serviços ecossistémicos. Os factores subjacentes a esta degradação estão ligados não só às variações climáticas, mas também ao crescimento demográfico, que exerce uma pressão humana considerável sobre o ambiente. Perante esta situação, a população adoptou e continua a adotar uma série de medidas, como a utilização de estrume orgânico, de fertilizantes químicos e de resíduos domésticos. Mas, apesar destes esforços, não tiveram um impacto significativo na gestão sustentável e na recuperação de terras já degradadas. Por conseguinte, foram propostas alternativas que vão desde as medidas de boa gestão até às técnicas de recuperação das terras e dos serviços ecossistémicos.

Palavras-chave: *Degradação da terra; serviços ecossistémicos; comuna de Tondikandia*

INTRODUÇÃO GERAL

A degradação das terras é um fenómeno que reduz ou destrói a capacidade de produção dos solos. Trata-se de um dos principais problemas para o futuro de um planeta cada vez mais antropizado, nomeadamente nos países em desenvolvimento. Esta degradação é inerente, em primeiro lugar, à localização dos solos na própria superfície do globo, o que os coloca em contacto direto, por um lado, com os elementos atmosféricos naturais e, por outro, com as diversas acções associadas às intervenções humanas mais comuns (agricultura, pecuária, etc.). Esta degradação está também relacionada com a própria natureza do solo. Sabemos que o solo é sobretudo um material solto, constituído pela justaposição de três tipos de elementos: o esqueleto (minerais - detritos vegetais), o plasma (argilo-húmus) e os organismos vivos (raízes e mesofauna telúrica), elementos que, quando interagem, asseguram a manutenção do conjunto e conferem-lhe uma certa estabilidade, (P. BARBANT, 2010).

No entanto, qualquer ação natural ou antrópica sobre a superfície terrestre que iniba a produção de plasma ou afecte as ligações entre as diferentes fases que compõem o solo, favorece a sua degradação. A degradação dos solos é ainda mais acentuada quando estes são muito vulneráveis, quando a ação do clima é mais incisiva, quando a pressão humana é mais acentuada ou quando a ação dura mais tempo. Estes factores têm igualmente um impacto nos serviços ecossistémicos. Com efeito, as alterações climáticas globais e as necessidades geradas pelo crescimento demográfico são susceptíveis de degradar ainda mais os ecossistemas nos próximos anos, pondo cada vez mais em causa os pressupostos e as práticas actuais (L. Jonathan et al. 2009). Este facto foi salientado pela Avaliação Ecosistémica do Milénio, que concluiu que, nos últimos 50 anos, o declínio dos ecossistemas acelerou e alastrou a um ritmo sem precedentes na história da humanidade. Se esta degradação não for controlada, colocará em risco não só a biodiversidade global, mas também as actividades económicas do planeta. De acordo com L. Bruno et al (2015), a maioria das comunidades biológicas está a desaparecer sob o efeito combinado das alterações climáticas e de outras pressões antropogénicas, afectando a funcionalidade dos ecossistemas que estão perto do colapso.

O Níger, um grande país sahelo-saariano com uma superfície de 1.267.000 quilómetros quadrados e uma população estimada em 21.942.944 habitantes em 2019, com um crescimento natural intercensitário de 3,7% ao ano (MINISTERE DU PLAN, 2020) e variações climáticas recorrentes, não está imune a esta situação. De facto, como a maioria dos países da África subsariana no circum-Saara, o Níger é assolado por um fenómeno pronunciado de desertificação e degradação dos solos (S. ADDAM KIARI e I. ABOUBACAR, 2016). Esta degradação é devida a uma combinação de factores como a variabilidade climática e a pressão demográfica, resultando numa maior pressão sobre o ambiente. Esta manifesta-se na formação e no alargamento de ravinas, muitas vezes em terras cultivadas; na formação de dunas móveis; no assoreamento das terras agrícolas, dos cursos de água, das bacias de produção agrícola e de diversas infra-estruturas socioeconómicas (estradas, habitações, etc.); na salinização das terras agrícolas de regadio; na lixiviação de nutrientes; na formação de crostas nos solos; na redução do coberto vegetal e na perda de biodiversidade (Idem). Esta situação conduz também à degradação dos ecossistemas, resultando numa redução dos serviços que estes prestam às populações. Os efeitos desta degradação e das suas diversas formas reflectem-se naturalmente na desorganização dos sistemas de produção, no declínio da produção rural (nomeadamente agrícola, pecuária e florestal), na diminuição do rendimento das famílias e na persistência da insegurança alimentar, que se fazem sentir de forma muito mais acentuada nos países do Sahel. Daí o interesse deste estudo, que incide sobre a "avaliação da degradação das terras e dos serviços ecossistémicos na zona de Fandou Mayaki (Tondikandia/distrito rural de Tillabéri) e propostas de gestão". Esta avaliação pode fornecer dados importantes tanto para uma melhor gestão das operações de desenvolvimento actuais como para servir de ponto de referência para as acções futuras das sociedades humanas. Para este estudo, foi adoptada uma metodologia baseada em inquéritos socioeconómicos, na análise de dados climáticos e granulométricos e no tratamento de imagens de satélite.

Este trabalho está estruturado em quatro (4) capítulos, o primeiro dos quais trata do enquadramento teórico e metodológico e da apresentação da área de estudo, o segundo aborda a questão da avaliação do estado de degradação da terra e dos serviços dos ecossistemas, o terceiro estuda os factores de degradação da terra e dos serviços dos ecossistemas e o quarto trata da discussão dos resultados e das propostas de gestão.

CAPÍTULO 1
ENQUADRAMENTO

Este primeiro capítulo agrupa três (3) partes essenciais do corpo deste trabalho, nomeadamente o enquadramento teórico, o enquadramento prático e a apresentação da área de estudo.

1.1. ENQUADRAMENTO TEÓRICO

Esta primeira secção define o contexto do estudo e, em seguida, analisa o estado da arte dos trabalhos relacionados.

com este tema e, por fim, apresenta as questões a abordar neste estudo.

1.1.1. Antecedentes e justificação

Durante décadas, o Níger tem-se confrontado com uma deterioração contínua do seu ambiente. Os factores subjacentes a esta degradação são numerosos e complexos nas suas interações. Com efeito, factores como as secas frequentes, o crescimento rápido da população, a erosão acelerada dos solos, a diminuição da cobertura vegetal e o empobrecimento da biodiversidade vegetal e animal combinam-se para produzir uma desertificação preocupante (A. MAHAMANE et al. 2009). Estas secas frequentes e o crescimento demográfico combinam-se numa sinergia insidiosa para produzir uma degradação acelerada, por vezes irreversível, de certos ecossistemas. Estes ecossistemas estão a ser sobreexplorados pela população para satisfazer as suas necessidades energéticas e alimentares, sobretudo nas zonas de forte concentração humana. Estes factores favorecem igualmente a perda da biodiversidade vegetal e animal, o que conduz a uma redução das alternativas de vida e a uma diminuição da qualidade do espaço vital.

A parte ocidental do Níger, que faz parte da zona do Sahel, tem um clima semi-árido e está particularmente sujeita a uma intensa degradação ambiental em resultado da variabilidade climática e da atividade humana. Estas últimas conduziram a uma sobre-exploração dos recursos naturais, tornando-os cada vez mais escassos. Esta escassez de recursos manifesta-se na diminuição ou alargamento das massas de água, no desaparecimento do coberto vegetal e na formação de crostas ou compactação dos solos. Ao fecharem-se os poros destes solos, estes ficam sujeitos a uma falta de infiltração e tornam-se mais ou menos propícios ao escoamento superficial durante a estação das chuvas. Esta situação favorece a secagem rápida. Consequentemente, a degradação contínua dos recursos naturais nestes meios semi-áridos, que conduz a um declínio dos serviços ecossistémicos, torna precária a segurança alimentar nestas zonas.

Por conseguinte, no oeste do Níger em geral, e na comuna de Tondikandia em particular, estes recursos estão a deteriorar-se, provavelmente devido à sobre-exploração, que está a aumentar não só para satisfazer as necessidades da população local, mas também para satisfazer as necessidades da economia local. da população local e para alimentar a cidade de Niamey. A terra de Fandou Mayaki, que é objeto deste estudo, também não está imune a esta situação. Além disso, de acordo com as nossas leituras, constatámos que esta comuna em geral e o terroir em particular não tinham sido objeto de estudos suficientes sobre este fenómeno. De um ponto de vista científico, temos a impressão de que as investigações efectuadas sobre este tipo de questões nesta comuna não produziram os resultados esperados. Portanto, ainda há muito a fazer em termos de gestão racional e sustentável dos recursos naturais, especialmente nas regiões ocidentais do Níger, que estão seriamente ameaçadas pela degradação. E para fazer face a este fenómeno de degradação, é evidente que é necessário conhecer melhor este fenómeno para melhor o compreender e encontrar os meios de atenuar os seus efeitos, que prejudicam a produção agrícola e forrageira. Por todas estas razões, optámos por nos concentrar nesta área, onde o processo de degradação está a acelerar e a tornar-se uma grande preocupação de dia para dia.

1.1.2. Revisão da literatura

Segundo P. BARBANT (2008), a degradação da terra é um processo que reduz ou destrói a capacidade da terra para a produção agrícola, vegetal, animal e florestal. Resulta das actividades humanas ou é um fenómeno natural agravado pelo efeito das actividades humanas.

De acordo com a CNUCD, é definida como uma redução ou perda da produtividade e da complexidade biológica ou económica das terras agrícolas de sequeiro, das terras agrícolas de regadio, das pastagens, das florestas e dos bosques. Corresponde à redução do valor económico dos serviços e bens ecossistémicos derivados da terra em resultado de atividades humanas ou de alterações biofísicas naturais (Iniciativa ELD, 2019) retirado de Iniciativa ELD, (2013).

Este fenómeno, definido por vários autores, é reconhecido como um problema importante para o desenvolvimento e um desafio simultaneamente global e local. É por isso que lhe têm sido dedicados vários estudos, tanto a nível internacional como nacional. Para estudar este fenómeno, e sem ser demasiado exaustivo, seria necessário rever um certo número de documentos e artigos científicos sobre o assunto. Isto permitir-nos-á compreender as causas deste fenómeno, as suas consequências e os escritos que abordaram as diferentes medidas e técnicas de gestão e conservação da água e do solo.

1.1.2.1. Factores de degradação das terras

A degradação das terras é um fenómeno causado por vários factores, sendo os mais frequentemente mencionados a pressão demográfica e as alterações climáticas.

1.1.2.1.1. Degradação dos solos e pressão demográfica

De acordo com vários estudos, a degradação dos solos é considerada um fenómeno que resulta de um crescimento demográfico cada vez maior, que conduz a uma sobre-exploração do ambiente natural. Por exemplo, P. BARBANT (2008), comparando a superfície total das terras emersas, das terras aráveis e das terras degradadas, mostra que a degradação das terras aumentou fortemente nos últimos 60 anos no mundo, devido ao crescimento demográfico e à expansão industrial. Para responder a esta questão, adoptou um método que consiste em recolher, explorar e estruturar dados de base, fazer observações no terreno para determinar indicadores de degradação e, por fim, utilizar estas variáveis para determinar o índice sintético de degradação das terras. Os resultados desta metodologia permitiram-lhe elaborar, em primeiro lugar, uma cartografia provisória com polígonos delimitados e identificados, nos quais estão representadas as estradas e os eixos de drenagem, em seguida, uma carta do estado de degradação, na qual estão representados os diferentes indicadores de degradação e, por fim, uma carta de zonagem do território caracterizada por um índice de degradação, que varia de 1 a 5. De acordo com as suas conclusões, a degradação dos solos tem consequências sociais, económicas e políticas imediatas muito mais graves nos países do Sul do que nos países do Norte. Este fenómeno de degradação pode resumir-se à erosão dos solos, que é uma das consequências do crescimento demográfico. Esta forma de degradação tem sido objeto de várias abordagens. No extremo Norte de África, a concentração de populações em torno da bacia mediterrânica ao longo dos séculos conduziu igualmente à degradação do coberto vegetal, dos solos, dos rios e do clima (R. CHEBBANI et al. 1996). Esta degradação favoreceu o fenómeno da erosão, nomeadamente a erosão hídrica, que afecta perigosamente a bacia hidrográfica do ISSER (Argélia). Ao estimar a quantidade de terra afetada por esta erosão, ou seja, 12 milhões de hectares, e o volume de água perdido, ou seja, 25 milhões de metros cúbicos, afirmam que a erosão hídrica é um fenómeno muito grave na Argélia. Para estudar este fenómeno, foram associados dados experimentais às caraterísticas hidromorfológicas e analíticas dos solos, nomeadamente ao seu estado superficial, em diferentes escalas espaciais.

Os resultados deste estudo mostraram que este fenómeno se manifesta pela recessão da cabeceira do barranco, pelo esvaziamento e pela erosão do fundo do barranco e pela erosão lateral das margens por efeito da massa de água.

Em resultado desta mesma pressão demográfica, outras variáveis subjacentes são também consideradas pelos investigadores como determinantes da degradação.

Para E. KOHIO et al (2017), esta degradação está também ligada a uma má gestão dos recursos naturais. Ao realizar um inquérito a sessenta (60) agricultores-piloto na região Centro-Oeste do Burkina Faso, estes autores mostram que os constrangimentos materiais, financeiros e técnicos, bem como os ligados à má organização dos mercados agrícolas e à insegurança da posse da terra, são as principais causas da degradação. factores determinantes. Na sua opinião, a adoção de boas práticas de gestão sustentável das terras e uma maior sensibilização das partes interessadas, combinadas com um apoio coerente e coordenado, poderiam conduzir a uma melhor gestão dos recursos naturais e lançar as bases de um desenvolvimento económico e social sustentável.

O mesmo país (Burkina Faso) assiste também a um declínio constante da fertilidade do solo, nomeadamente do seu teor de matéria orgânica, o que compromete a sustentabilidade da produção agroflorestal (B. OUEDRAGO et al.2019). Este é também o caso do Benim, onde I. AMONMIDE et al (2019), realizando um estudo sobre a avaliação dos níveis de fertilidade do solo em bacias de cultivo de algodão, utilizando métodos de análise agronómica, mostram que a maioria dos solos desta zona estão degradados devido à forte exploração do ambiente, ao aumento contínuo das áreas cultivadas, resultando num baixo teor de matéria orgânica inferior a 1,52% e num baixo teor de azoto.

O Níger, um país agro-pastoril, está também a enfrentar a degradação ambiental ligada ao crescimento da sua população pecuária. Esta situação está a conduzir a uma procura crescente de produtos animais, e os criadores de gado estão a utilizar forragens naturais em pé e colhidas para satisfazer esta procura (A. DAN GOMMA et al.2019). Estes autores assumem que esta recolha de forragem afecta os ecossistemas peri-urbanos. Utilizando inquéritos de perceção combinados com medições de matéria orgânica, inventários florestais e contagens de áreas nuas e ravinas num hectare, confirmam que esta prática tem efeitos nocivos no ambiente porque causa a perda de biodiversidade vegetal, reduz a matéria orgânica, empobrece o solo e degrada a terra. Esta situação é muito mais grave na zona periurbana de Niamey (Tillabéry) do que em Maradi, devido à grande procura de produtos forrageiros. M. AUDRIN (2005), estudando a infiltrabilidade dos solos numa bacia hidrográfica do Níger (Wankama), afirma que os solos do Sahel estão em perigo.

Como resultado da pressão demográfica e das alterações climáticas, estas áreas estão a sofrer um processo de degradação desenfreado. Para realizar este estudo, foram efectuadas missões de campo para medir a infiltrabilidade dos solos, através das quais foram elaborados mapas para espacializar os resultados sobre a bacia. Com base nestes resultados, considera que a atividade humana é o agente causador deste fenómeno, uma vez que o crescimento galopante implica a limpeza dos terrenos e a destruição do coberto vegetal, expondo o solo à erosão. Constatou igualmente que a percentagem de terras cultivadas na bacia passou de 6% em 1950 para 17% em 1975 e 57% em 1992, ou seja, um aumento de mais de 50% em menos de 50 anos. Esta situação levou a que os campos se estendessem até à aldeia.

Para além deste fator, as alterações climáticas são também consideradas como um fator que contribui para a degradação dos solos.

1.1.2.1.2. Degradação dos solos e alterações climáticas

As alterações climáticas são definidas pelo IPCC (2013) como uma mudança no estado do clima que pode ser detectada (por exemplo, através de testes estatísticos) por alterações na média e/ou variabilidade das suas propriedades e que persiste durante um período alargado, normalmente décadas ou mais. As alterações climáticas podem dever-se a processos internos naturais ou a forças externas, como as modulações dos ciclos solares, as erupções vulcânicas ou as alterações antropogénicas persistentes na composição atmosférica ou na utilização dos solos.

O artigo 1.º da Convenção-Quadro das Nações Unidas sobre as Alterações Climáticas (CQNUAC), de 1992, define as alterações climáticas como "uma mudança do clima atribuída direta ou indiretamente à atividade humana que altera a composição da atmosfera global e que se vem juntar à variabilidade climática natural observada durante períodos de tempo comparáveis".

Os efeitos da pressão populacional e das práticas insustentáveis de gestão dos solos na degradação e desertificação das terras estão a ser exacerbados em todo o mundo pelos efeitos das alterações climáticas, que incluem a alteração dos padrões de precipitação, o aumento da frequência e intensidade das secas e inundações, o aumento das temperaturas e profundas alterações ecológicas (CNUCD, 2015).

Através das suas várias ameaças, é considerado o principal fator de degradação dos solos no mundo em geral e no Sahel em particular.

De acordo com a Convenção das Nações Unidas de Combate à Desertificação (UNCCD,

2015), a variabilidade climática é o principal fator de degradação dos solos nas terras secas. Dadas as altas temperaturas e a baixa pluviosidade que a maioria destas áreas já apresenta, estas regiões são particularmente susceptíveis a interações prejudiciais entre a degradação dos solos e as alterações climáticas.

De facto, as alterações da temperatura e da humidade do ar induzidas pelo clima, combinadas com as reduções da matéria orgânica do solo, da biomassa acima e abaixo do solo e da fertilidade do solo causadas pela degradação, podem exacerbar a desertificação. Além disso, a ocorrência cada vez mais frequente de fenómenos meteorológicos extremos, como secas graves ou chuvas intensas, é suscetível de exacerbar a erosão eólica e hídrica e contribuir para novas reduções da biomassa e para a degradação física e química dos solos. Em resposta a esta situação, a convenção propõe uma série de resoluções, como a adaptação, a implementação de sistemas agroecológicos, o pastoreio de gado e a gestão sustentável das terras. Estas medidas permitem aumentar a fertilidade do solo e a eficiência da rega nos sistemas de cultivo, melhorar os ecossistemas, restaurar as reservas de matéria orgânica e a biodiversidade do solo e armazenar quantidades significativas de carbono. Isto ajuda a mitigar as alterações climáticas.

Os efeitos desta alteração climática podem ser observados na Tunísia, onde a erosão hídrica é generalizada e é também considerada uma das principais fontes de deterioração do solo nas zonas agrícolas, tanto à escala da exploração agrícola local como à escala da bacia hidrográfica (M. FOURATI et al.2015). Estes autores realizaram um estudo sobre a bacia hidrográfica de Oued Sidi Salah (Sfax, Tunísia), mostrando que a erosão hídrica é altamente prevalente na área como resultado de um padrão de precipitação caracterizado por chuvas altamente irregulares, torrenciais e violentas. Adoptando um método cartográfico baseado na utilização de software de tratamento de imagem e de SIG, foi possível elaborar mapas que mostram a localização da bacia, a rede hidrográfica e a erosão. Estes mapas mostram que a bacia em estudo sofre de um problema de recessão na cabeceira das ravinas, de criação de novos cursos de água, muitas vezes em benefício das terras agrícolas, e de uma erosão significativa das ravinas, concentrada principalmente na parte montante da bacia e mesmo nos terrenos crostosos e de declive suave. Esta ideia está em consonância com a de D. ABDOULAYE e N. AMADOU MOCTAR, (2010) que afirmam que os países da zona sahelo-saariana do circuito do Sara são também confrontados há várias décadas, com exceção de alguns anos de precipitação normal, com um défice de precipitação.

Esta situação conduziu a uma rutura importante dos grandes complexos ecológicos, a uma tendência decrescente das isoietas para sul e a um processo quase inexorável de desertificação.

O mesmo fenómeno pode também ser observado na Argélia, que, nos últimos anos, tem sofrido uma erosão hídrica espetacular devido à flutuação dos parâmetros climáticos. A região de Djelfa, no centro da Argélia, é uma das zonas mais afectadas por este fenómeno (M. KOUSSA e T. BOUZIANE, 2018). Caracteriza-se por uma precipitação muito irregular, uma forte aridez, declives acentuados e uma fraca cobertura vegetal, o que a torna muito vulnerável à erosão. Para compreender melhor este fenómeno, foi aplicado o método de cartografia baseado no modelo USLE para determinar a taxa de erosão por escoamento superficial, cartografar as zonas de risco de erosão e popularizar os resultados para uma tomada de decisão adequada. Este método foi utilizado para produzir mapas temáticos (declive, topografia, mapa da rede hidrográfica), cujos resultados mostram que os solos da região de Djelfa são afectados por vários factores que favorecem a erosão, nomeadamente a degradação do coberto vegetal devido à seca persistente, que aumenta a erodibilidade dos solos. Estes solos estão sujeitos ao efeito erosivo das chuvas de salpicos. Indicam igualmente que as regiões de Masàad e de Hassi bahbeh estão sujeitas a uma forte erosão, com perdas que variam entre 1,5 e 23 t/ha/ano, o que é superior à normal do modelo de 0,31 t/ha/ano. Este facto deve-se às suas caraterísticas geomorfológicas, à densificação das redes hidrográficas e ao aumento dos declives nestas zonas. Os diferentes efeitos das alterações climáticas (secas recorrentes, aumento da pluviosidade, ventos violentos, etc.) favorecem a degradação dos solos, nomeadamente nos países do Sahel. Por outras palavras, é a combinação destes factores que conduz à degradação mais exacerbada dos solos.

1.1.2.1.3. Pressão demográfica, alterações climáticas e degradação dos solos e dos serviços ecossistémicos

A degradação das terras e dos serviços ecossistémicos pode também dever-se a uma combinação destes diferentes factores. O resultado é a sobre-exploração da terra, muitas vezes para além da capacidade real dos ecossistemas, o aumento da vulnerabilidade da terra e uma perda considerável do seu potencial de produção. Esta situação pode ser observada em vários países da zona Sahel-Sahariana.

No Burkina Faso, o agravamento das condições climáticas levou a um afluxo maciço de pessoas do norte para o oeste, criando novas frentes agrícolas pioneiras (B. OUEDRAGO et al.2019). Esta situação, associada a sistemas de produção agrícola inadequados, conduziu à degradação da vegetação e ao aumento da erosão hídrica nesta zona do país. Utilizando uma modelação baseada na integração dos principais factores de erosão hídrica num sistema de informação geográfica, destacaram o impacto erosivo de cada fator e classificaram as zonas de risco de erosão hídrica no local de estudo. Os resultados obtidos permitiram a elaboração de uma carta de erosão que apresenta valores de perda de solo que variam de 0 a 1,57 t/ha/ano numa superfície de 187196,54 ha e de 8,42 a 36,35 t/ha/ano numa superfície de 362,11 ha. Estudos realizados por um projeto de gestão das terras e de conservação dos recursos no planalto central do Burkina Faso, em junho de 2012, mostram igualmente que, na zona abrangida pelas actividades do projeto, por exemplo, mais de 25% das famílias abandonaram as suas aldeias entre 1975 e 1985, na sequência de secas que provocaram a perda de uma média de 20t/h de solo por ano, com a extensão das superfícies nuas e degradadas a acelerar e a descida do nível freático de um metro por ano (mesmos autores).

Este fenómeno de degradação não poupou as terras baixas. É o caso das terras baixas da sub-bacia de Nakanbé Dem (Burkina Faso). Estas terras baixas, outrora consideradas terras não cultivadas para fins agrícolas, são atualmente utilizadas e cobiçadas por pastores e agricultores devido ao seu potencial, e estão sujeitas a várias ameaças (A. ILBOUDO et al.2020). No seu inquérito aos agricultores das terras baixas, identificaram a lavoura mecânica, as inundações, os ventos fortes, o sobrepastoreio, as secas frequentes, os incêndios florestais e o abate de árvores como os principais factores de degradação das terras baixas. Esta degradação é marcada pelo alagamento das planícies, pelo revestimento de areia e cascalho e pela redução do coberto vegetal e do número de árvores à volta das planícies. Esta ideia está em consonância com a de I. BOUZOU MOUSSA e N. DAN LAMSO, (2004) que afirmam que os constrangimentos físicos e socioeconómicos que as regiões semi-áridas enfrentam fazem com que os seus solos sofram uma degradação acelerada, resultando numa baixa produtividade.

Além disso, devido aos elevados níveis de atividade humana e ao aumento da precipitação verificado nos últimos anos em certas bacias hidrográficas, estas zonas estão a sofrer alterações na sua superfície, reforçando por vezes a sua dinâmica hidro-erosiva.

É o caso do Kori Mountséka (Tahoua) que, após um longo período de disfunção, se tornou novamente funcional (I. BOUZOU MOUSSA et al.2009). Neste estudo, o método utilizado consistiu na realização de missões no terreno, na recolha, análise e tratamento de dados pluviométricos através de programas informáticos estatísticos, e na produção de mapas de erosão hídrica através de imagens de satélite. Os resultados desta investigação mostraram que este fenómeno pode ser explicado pelo facto de esta bacia hidrográfica estar sujeita a uma intensa dinâmica hidro-erosiva ligada à erodibilidade do solo e à fragilidade do coberto vegetal, resultantes de uma forte ocupação do solo e de uma melhor pluviosidade, que contribuem para o aumento do escoamento superficial e da erosão. Estes processos conduzem ao esvaziamento dos horizontes superficiais do solo e à formação de voçorocas que, por sua vez, contribuem para a degradação dos solos. Esta degradação dos solos tem um impacto importante nos serviços ecossistémicos prestados pelos recursos naturais. Estes são definidos pela Milenuim Ecosystem Assessment (2005), citada por W. CHRISTIAN et al. (2015), como todos os benefícios que os ecossistemas proporcionam aos seres humanos. Para DAILY, (1977) citado por F. RIVES et al. (2016) "Os serviços ecossistémicos são as condições e os processos pelos quais os ecossistemas naturais, e as espécies que os constituem, apoiam e satisfazem a vida humana. Mantêm a biodiversidade e a produção de bens derivados dos ecossistemas, como o peixe, a água de furos, a madeira, os combustíveis de biomassa, as fibras naturais e muitos produtos farmacêuticos ou industriais (...). Para além desta produção de bens, os serviços ecossistémicos são as funções de apoio à vida real, como a purificação, a reciclagem e a renovação, mas também a fonte de muitos benefícios culturais e estéticos intangíveis". Estes serviços ecossistémicos estão agrupados em quatro categorias principais: serviços de aprovisionamento, serviços de regulação, serviços culturais e serviços de auto-manutenção (W. CHRISTIAN et al. 2015).

Assim, para os serviços de fornecimento, incluímos toda a produção a partir do solo, como :
- produtos destinados ao consumo humano, mas também aos animais de criação;

- madeira proveniente de florestas utilizada para energia ou construção;

- fibras para a produção de têxteis (algodão, linho, etc.);

- matéria-prima extraída do solo para ser utilizada como suporte hortícola (turfa, argila) ou como material de construção (sabugo, tijolos de barro);
- o recurso genético derivado da biodiversidade interna do solo, que fornece, nomeadamente, produtos bioquímicos e farmacêuticos.

A função de suporte físico fornecida pelos solos também está incluída nesta categoria de serviços: os solos representam a base física sobre a qual se apoiam os animais, os seres humanos e todas as infra-estruturas. A importância destes serviços de aprovisionamento prestados pelos solos é obviamente considerável (W. CHRISTIAN et al. 2015).

Os serviços de regulação incluem: a regulação da quantidade e da qualidade das transferências de água entre a atmosfera, as águas subterrâneas e os cursos de água, que funcionam como reservas de água para as plantas e os organismos do solo; a biodiversidade, que desempenha um papel essencial em todos os processos biogeoquímicos do solo, nomeadamente os que afectam os ciclos do carbono e dos nutrientes, especialmente o azoto. Ao modificarem a porosidade e a coesão do solo, os organismos do solo contribuem também para a sua estruturação. Este facto influencia não só as propriedades físicas do solo, mas também o seu teor de água; os resíduos são reciclados através da transformação e transferência de elementos importantes no ciclo natural. Esta reciclagem é particularmente importante para o fósforo, um nutriente essencial para a produção vegetal (W. CHRISTIAN et al.2015).

No que respeita aos serviços culturais, o primeiro aspeto que se destaca é o aspeto estético da paisagem, através das diferenças de cor dominante na superfície do solo e da importância da natureza do solo no tipo de vegetação. O solo conserva também a memória e a marca da passagem do homem e das suas actividades ao longo do tempo. Protege igualmente os ossos, os objectos e os edifícios do passado, e as análises permitem aos arqueólogos reconstituir os climas e os ecossistemas do passado, por exemplo através da datação do carvão vegetal ou da análise das moléculas orgânicas (W. CHRISTIAN et al. 2015). Por último, os serviços de auto-manutenção englobam todas as funções necessárias para a produção de outros serviços: estes incluem o ciclo da água, o ciclo dos nutrientes, a produção primária e a formação do solo (MEA, 2005) citado por W. CHRISTIAN et al. 2015).

A prestação de todos estes serviços ecosistémicos pode estar em risco devido às actividades humanas e aos riscos climáticos que os ameaçam, levando à sua deterioração. De facto, nos últimos 50 anos, os seres humanos modificaram os ecossistemas mais rápida e extensivamente do que em qualquer outro período comparável da história da humanidade. Estas alterações estão em grande parte ligadas a uma procura crescente de alimentos, água doce, madeira, fibras e energia. O resultado foi uma perda substancial da diversidade biológica da Terra, grande parte da qual irreversível. Estas alterações nos ecossistemas conduziram à degradação de muitos serviços ecossistémicos (MEA, 2005).

De acordo com o relatório da Avaliação Ecossistémica do Milénio, esta degradação dos serviços ecossistémicos poderá mesmo aumentar significativamente na primeira metade deste século, o que constituiria um obstáculo à realização dos Objectivos de Desenvolvimento do Milénio.

Além disso, no âmbito da nossa procura de melhoria do nosso bem-estar, desenvolvemos actividades que contribuem para uma maior degradação dos ecossistemas e dos serviços que estes prestam. É o caso da Nova Caledónia (Canadá), onde um projeto realizou um estudo para avaliar a perda de serviços ecossistémicos ligados à atividade mineira no Grand Sud. Centrando-se no método de conversão dos impactos ambientais associados à atividade mineira em perda de serviços ecossistémicos, com base em cartografia, revisão da literatura e entrevistas, e no método de construção de cenários com base em entrevistas, este estudo mostra que a atividade tem impactos negativos nos ambientes naturais da Nova Caledónia, levando a uma deterioração dos serviços ecossistémicos (RESCCUE PROJECT, 2016). Estes impactos incluem: a supressão do coberto vegetal; a perturbação do regime hidrológico; a deterioração da qualidade da água; as emissões de CO2 e de outros gases com efeito de estufa; e a poluição dos solos por produtos químicos. Estes impactos podem ter repercussões na oferta, na regulação e mesmo noutros serviços.

Os efeitos das actuais alterações da temperatura e da precipitação estão também a perturbar de muitas formas as várias funções ecológicas. Os principais efeitos das alterações climáticas já observados são: extinção de espécies; modificação dos ecossistemas; inundação das zonas costeiras; aumento dos fenómenos ciclónicos; redução dos recursos hídricos, etc. Todos estes efeitos **têm um grande impacto na sustentabilidade dos actuais serviços ecossistémicos, afectando assim a sua produção.** Todos eles têm consequências importantes para a sustentabilidade dos actuais serviços ecossistémicos, afectando a sua produção. Em casos extremos, podem levar ao colapso dos ecossistemas, por vezes num espaço de tempo muito curto (L. Bruno et al. 2015). Por conseguinte, devem ser tomadas medidas adequadas e urgentes para evitar esta catástrofe.

1.1.2.2. Técnicas e/ou práticas de gestão e recuperação de terras e serviços ecossistémicos

Para travar esta degradação, foram efectuados estudos com vista à criação de um sistema, ao estudo e à avaliação de técnicas de gestão e de conservação da água e do solo.

1.1.2.2.1. Técnicas de gestão da terra e dos serviços ecossistémicos

Para fazer face aos impactos negativos da degradação da terra e aumentar a produtividade agrícola a longo prazo, foi desenvolvida nas últimas décadas uma vasta gama de práticas de gestão da terra. De acordo com R. WINTERBOTTOM et al (2013), quatro destas práticas são as mais promissoras para as terras secas da África Subsariana. São elas a agro-silvicultura, a agricultura de conservação, a recolha de água da chuva e a gestão integrada da fertilidade do solo. Destas, a agrossilvicultura e a recolha de água da chuva estão a emergir rapidamente como a chave para o aumento da produtividade agrícola, ao mesmo tempo que restauram outros serviços ecossistémicos valiosos para as paisagens agrícolas. Os autores explicam estas práticas da seguinte forma:

1.1.2.2.1.1. Agroflorestação

A agrossilvicultura é uma prática de utilização da terra que envolve a integração deliberada de árvores lenhosas perenes nas mesmas parcelas que as culturas ou o gado. As árvores e os arbustos nos sistemas agroflorestais podem ser regenerados e protegidos, ou plantados e geridos seletivamente. Os sistemas agroflorestais podem incluir tanto espécies nativas como espécies não nativas introduzidas. Quando os agricultores incluem espécies lenhosas que produzem madeira, forragem, folhas comestíveis e outros produtos, os sistemas agroflorestais evoluem para sistemas de produção mais complexos que podem proporcionar uma gama mais vasta de benefícios e sistemas agrícolas mais resistentes do que os baseados apenas na produção anual de cereais. As árvores lenhosas perenes utilizadas na agrossilvicultura interagem com os solos e as culturas para criar um sistema agroecológico que melhora os múltiplos serviços dos ecossistemas e aumenta a produtividade global das culturas.

1.1.2.2.1.2. Agricultura de conservação

A agricultura de conservação é uma técnica destinada a melhorar a fertilidade do solo e a eficiência da utilização da água, especialmente em grandes explorações agrícolas. Baseia-se em três práticas relacionadas -Mínima perturbação do solo através da redução da mobilização do solo ou da adoção de técnicas mais respeitadoras do ambiente. adequadas para o cultivo ;
-retenção de resíduos de culturas ou manutenção de uma cultura de cobertura ;
-rotação de culturas ou diversificação de espécies cultivadas em sequência e/ou em associação.
A combinação destas técnicas estimula o teor de matéria orgânica do solo, retém a humidade do solo e protege as terras aráveis da erosão.

A adoção de uma agricultura de conservação aumenta a infiltração da chuva, reduz o escoamento superficial e a poluição, melhora a fauna do solo (microrganismos) e sequestra o carbono do solo, para além de poupar combustível e mão de obra.

1.1.2.2.1.3. Recolha de águas pluviais

Abrange uma série de técnicas utilizadas para reter a água da chuva antes que esta escorra para os campos agrícolas. Estas práticas de recolha da água da chuva incluem: escavação de valas de plantação ou zaï; meias-luas, que são barreiras em forma de meia-lua escavadas na terra; cordões de pedra colocados à volta dos bordos; preparação do solo em troncos para formar barreiras ou valas de terra à volta dos bordos.

Ao retardar o escoamento, estas práticas favorecem a infiltração, o desenvolvimento das plantas, etc., e ajudam também os agricultores a adaptarem-se às flutuações da precipitação.

1.1.2.2.1.4. Gestão integrada da fertilidade do solo

A gestão integrada da fertilidade do solo é outra prática de gestão da terra e da água. para proteger os recursos da degradação.
No seu sentido mais lato, refere-se à otimização da utilização das reservas de nutrientes do solo, dos recursos disponíveis localmente e dos fertilizantes para melhorar a produtividade das terras, mantendo ou aumentando a fertilidade do solo.

As suas práticas de base centram-se na utilização combinada de quantidades judiciosas mas suficientes de fertilizantes e de corretivos do solo disponíveis. Estas práticas de gestão dos solos ajudam a manter o equilíbrio agro-ecológico, a resiliência ecológica e a estabilidade dos serviços ecossistémicos, assegurando simultaneamente a subsistência e uma variedade de meios de subsistência para os seres humanos. Se esta gestão falhar, levando à deterioração, podem ser adoptadas técnicas de restauração.

1.1.2.2.2. Técnicas de recuperação de terras degradadas

De acordo com E . ROOSE e G. DE NONI, (1998), citados por A. BOUBACAR NA-ALLAH, (2014), a Conservação do Solo e da Água (C.S.A.) é vista como o conjunto de medidas que, ao desenvolver os recursos naturais, tendem a manter e/ou aumentar o potencial de produção: o solo e a água são os elementos fundamentais deste potencial. E. ROOSE,

(1994) associa esta noção de C.E.S à questão da fertilidade dos solos sob o conceito de (GCES): Gestion conservatoire des eaux et des sols, ou seja, uma nova estratégia participativa para responder aos problemas de gestão sustentável das águas de superfície, da biomassa e da fertilidade dos solos. A eficácia destas medidas é justificada pelos investigadores que efectuaram estudos sobre esta questão, que preocupa muito os intervenientes na gestão dos recursos naturais.

Num estudo sobre os métodos de luta contra a erosão na Argélia e no Equador, E. ROOSE e G. DE NONI, (1998) mostraram que as técnicas tradicionais de gestão das águas superficiais e da fertilidade dos solos desenvolvidas pelos antigos eram certamente muito eficazes na sua época de condições climáticas e socioeconómicas estáveis, mas estão a perder a sua eficácia à medida que as condições humanas mudam. Face a esta situação, foram adoptadas estratégias de equipamento moderno para travar este fenómeno. É nesta perspetiva que a abordagem de gestão e de conservação da água e do solo surge como uma estratégia de desenvolvimento rural participativo. Esta estratégia permite aumentar significativamente a produção das terras e reduzir os riscos de erosão.

Na região do Sahel, no Burkina Faso, a evolução crescente do processo de degradação do solo traduz-se por uma redução do coberto vegetal ou da biomassa, uma diminuição do nível de matéria orgânica e da atividade biológica do solo, conduzindo à degradação física e química do solo. Perante esta situação, J. BLAMAH (2004) efectuou um estudo para avaliar o impacto positivo das técnicas anti-erosivas, como as meias-luas, a subsolagem, os diques filtrantes e as barreiras de pedra, na reabilitação de pastagens degradadas. Os seus estudos mostram que as técnicas estudadas criam condições favoráveis para o reaparecimento e a manutenção de numerosas espécies forrageiras (herbáceas e lenhosas), na medida em que a cobertura do solo é melhorada de 3,5 a 40,5% em função do tipo de gestão, e a produção foi melhorada de 1,4 a 6,5 vezes em relação ao controlo.

No Níger, as condições meteorológicas combinadas com as actividades humanas que agravam o fenómeno da degradação dos solos levaram o país a experimentar várias técnicas de proteção e recuperação dos solos. É neste contexto que O. LAMINOU MANZO et al (2020) realizaram um estudo sobre o impacto das bancadas na recuperação de terrenos degradados na comuna rural de Simiri (Ouallam), que está sujeita à degradação mais grave dos solos. Os resultados deste estudo mostram que os trabalhos de recuperação de terrenos baseados em bancadas são eficazes porque permitiram um aumento significativo da superfície coberta por vegetação, podendo mesmo ser um meio eficaz de reduzir os riscos climáticos através do desenvolvimento de serviços ecossistémicos fornecidos pelo empreendimento. Com base num estudo efectuado por I. BOUZOU MOUSSA e N. DAN LAMSO, (2004) no oeste do Níger, demonstraram que as tassa (bolsas ou bacias de água) são também técnicas eficazes para reduzir o escoamento e a erosão. Por conseguinte, ajudam a evitar perdas de solo e a assegurar uma boa produção agrícola, especialmente quando são acompanhadas por outros corretivos do solo, como o estrume e o fósforo, que aumentam ainda mais a produção.

Além disso, na sequência do recrudescimento deste fenómeno no Sahel em geral e no Níger em particular, foram criados projectos destinados a contribuir para o aumento da produção e para a recuperação dos recursos naturais, nomeadamente dos solos e da água. É o caso do projeto de proteção integrada dos recursos agro-silvo-pastoris do departamento de Tillabéry Nord (PASP), do projeto de desenvolvimento rural de Tahoua (PDRT) e do projeto de desenvolvimento rural do distrito de Aguié (PDRAA).

O objetivo de todos estes projectos era restaurar os recursos naturais degradados, contendo a erosão e a perda de água através de obras de recuperação de terras e de recolha de escoamento. A fim de avaliar a eficácia destes projectos, G. YADJI e N. DAN LAMSO realizaram um estudo em 2006 nas zonas dos projectos. Os resultados da sua investigação mostraram que as estruturas construídas por estes projectos desempenharam um papel importante na recuperação de recursos degradados. De acordo com B. EDWIGE e R. CHRIS, (2009), estes projectos reabilitaram mais de 250.000 ha de terras degradadas entre 1985 e 2005.

No vale do rio Níger em Niamey, o solo está sujeito à erosão, que todos os anos retira milhares de hectares da camada superior do solo (M. KADER et al.2008). Isto expõe os solos a uma perda de qualidades agronómicas, levando a uma queda dos rendimentos da produção agrícola, deixando muitas famílias vulneráveis à insegurança alimentar. Em resposta a esta ameaça de degradação dos solos associada à erosão, foram propostas e testadas técnicas (mecânicas e biológicas) de conservação da água e dos solos e de defesa e recuperação dos solos (CES/DRS) em parceria com os habitantes das aldeias vizinhas. Estas práticas foram um grande sucesso, pois em 3 anos permitiram recuperar e voltar a cultivar solos totalmente degradados.

O sistema de reflorestação também desempenha um papel importante na recuperação de terras degradadas. Num estudo realizado no sítio Sakey Koira Tegui (Tillabéry), D. H. HALIDOU et al. (2020) mostraram que a Acacia senegal é uma espécie adequada para a reflorestação dos solos degradados deste sítio devido à sua resistência às condições pedoclimáticas deste meio, caracterizado por um baixo teor de matéria orgânica, um PH geralmente ácido e uma textura arenosa.

1.1.3. Questões

Desde há vários anos, a África Ocidental tem estado no centro do debate e da investigação sobre questões ambientais. Há já algum tempo que a região do Sahel-Saara se caracteriza pela falta de precipitação, pelas secas crónicas e pelo rápido crescimento demográfico, enfrentando uma degradação crescente dos seus recursos naturais. No Sahel, os períodos de seca que se acentuaram a partir dos anos 70, associados à pressão antrópica que se traduziu na limpeza das terras, na extensão das superfícies cultivadas, na redução ou no desaparecimento dos pousios e no sobrepastoreio, conduziram a uma redução importante do coberto vegetal. Estes fenómenos provocam alterações profundas no estado da superfície (S. ELHADJI MOUSSA, 2007). No Níger, esta preocupação ambiental surge também atualmente no contexto do crescimento demográfico e das alterações climáticas, que aumentaram a superfície das terras exploradas e mesmo a ocupação das terras marginalizadas (S. TAHIROU, 2017). Este crescimento demográfico é justificado pelos recenseamentos gerais da população e da habitação, segundo os quais a população do Níger era de 5.098.427 hbts em 1977; 7.500.000 hbts em 1988; 11.060.291 hbts em 2001 e 17.138.707 hbts em 2012. Estima-se que esta mesma população seja de 21.942.944 em 2019 (MINISTERE DU PLAN, 2020). O crescimento demográfico, com a sua elevada procura de bens de consumo e de serviços e a sua má gestão, exerce uma grande pressão sobre os recursos naturais (solo, água, vegetação), levando à sua deterioração. O clima, com as suas variações pluviométricas, ventos violentos e temperaturas elevadas, é também um fator de ameaça, uma vez que provoca a erosão hídrica, através das enxurradas e do assoreamento das zonas baixas, e a erosão eólica, através da exposição dos solos à deflação. Estes processos conduzem ao alargamento das margens dos rios, à deslocação ou ao desaparecimento de certas lagoas, à incrustação das superfícies e, sobretudo, à degradação irreversível dos terrenos. Estes fenómenos de erosão ou, mais precisamente, de degradação das propriedades físicas do solo, conduzem a uma perda significativa de terras, que se generaliza cada vez mais, sobretudo na parte ocidental do país, que sofre uma forte exploração devido à pressão demográfica. Nesta parte do país, a forte antropização do meio ambiente conduziu a fenómenos de degradação dos solos caracterizados pelo desaparecimento do coberto vegetal, pela formação de crostas no solo, pela redução dos períodos de pousio, etc. (S. ELHADJI MOUSSA, 2007; A. INGHATAN WARZAGAN, 2011).

A degradação contínua dos recursos naturais nestes meios semi-áridos, que se traduz numa diminuição da produtividade agro-pastoril, está a tornar precária a segurança alimentar nestas zonas. Esta situação é tanto mais preocupante quanto os seus efeitos são acentuados pelo crescimento rápido da população, que provoca um desequilíbrio entre as necessidades cada vez maiores e os recursos naturais em constante degradação (A. INGHATAN WARZAGAN, 2013). Estes processos de degradação do solo, que se caracterizam por uma redução do coberto vegetal ou da biomassa, conduzindo a uma diminuição do nível de matéria orgânica e da atividade biológica do solo, evoluindo sob a forma de uma espiral, resultam na degradação física e química do solo (J. BLAMAH, 2004). Este fenómeno prejudica o bom funcionamento do ecossistema.

No entanto, face a esta situação, que se agrava de dia para dia, alguns investigadores decidiram aprofundar o assunto e esforçaram-se por encontrar soluções.
Neste sentido, foram identificadas medidas para travar este flagelo.
A investigação neste domínio identificou um certo número de técnicas mais adaptadas à região do Sahel, que já deram provas na gestão e recuperação de terras degradadas. Além disso, para atenuar esta degradação, foram investidos no Níger cerca de 17 mil milhões de francos CFA para recuperar as terras degradadas entre 1980 e 1990 (B. YAMBA, 1995), segundo I. SEYNI MOUSSA, (2008). Continuam a ser envidados esforços técnicos, financeiros e humanos notáveis para combater a degradação ambiental.

Mas apesar do forte investimento de fundos feito para recuperar as terras degradadas, este fenómeno persiste em toda a parte ocidental do Níger em geral, e na comuna de Tondikandia em particular. Trata-se de um problema importante de desenvolvimento socioeconómico, mas também de investigação. É por isso que este estudo se centra na avaliação da degradação dos solos e dos serviços ecossistémicos para propor medidas de desenvolvimento adequadas.
Para compreender e estudar plenamente este fenómeno, são formuladas as seguintes perguntas em torno desta questão.

1.1.3.1. Questões para investigação

1.1.3.1.1. A questão principal

Que métodos de gestão podem combater eficazmente a degradação das terras e preservar os serviços ecossistémicos no terroir de Fandou Mayaki?

1.1.3.1.2. Perguntas secundárias

➢ Qual é o estado da degradação dos solos e dos serviços ecossistémicos nesta zona?

➢ Que factores explicam o estado de degradação das terras nesta zona?

➢ Quais são as possíveis alternativas de gestão para preservar a terra e os serviços ecossistémicos?

1.1.3.2. As hipóteses de investigação

São formuladas as seguintes hipóteses para este estudo.

1.1.3.2.1. A hipótese principal

Uma gestão sensata das terras pode inverter as tendências actuais e preservar as terras e os serviços ecossistémicos a longo prazo.

1.1.3.2.2. Hipóteses secundárias

➢ A degradação dos solos e dos serviços ecossistémicos é uma das principais preocupações nesta área.

➢ Os factores de degradação das terras podem ser devidos à variabilidade climática, à natureza, ao ambiente ou a outros factores. utilização das terras, métodos agrícolas e gestão das terras na zona.

➢ As alternativas de gestão possíveis para preservar a terra e os serviços ecossistémicos passam pela adoção de boas práticas de gestão e conservação da água e do solo.

1.1.3.3. Os objectivos

Os objectivos do presente estudo são

1.1.3.3.1. O objetivo principal

O principal objetivo é identificar métodos de gestão que combatam eficazmente a degradação dos solos e, consequentemente, preservem os serviços ecossistémicos.

1.1.3.3.2. Objectivos específicos

➢ Primeiro avaliar o estado de degradação da terra e depois o dos serviços ecosistémicos na área de estudo.

➢ Caracterizar os factores que explicam a degradação das terras nesta zona.

➢ Propor alternativas e/ou técnicas de gestão e preservação da terra e dos serviços ecossistémicos na mesma localidade.

1.2. QUADRO PRÁTICO OU METODOLOGIA

Esta secção resume os diferentes métodos e instrumentos utilizados neste estudo em relação às diferentes hipóteses de investigação.

1.2.1. Hipótese secundária n.º 1

Para avaliar a degradação das terras neste terroir, foi aplicado, em primeiro lugar, o método qualitativo, através de uma técnica de observação no terreno. De facto, esta observação no terreno permitiu conhecer a situação atual no terreno, nomeadamente a degradação observada, identificando os tipos de degradação e a sua extensão.

Esta foi efectuada ao longo de dois (2) transectos este-oeste, um a norte e outro a sul da aldeia de referência (Fandou Mayaki).

Estes transectos foram utilizados para descrever as diferentes unidades morfo-sedológicas da zona de estudo. Estas observações são ilustradas por fotografias, entre outros elementos, que revelam a realidade do terreno.

Em seguida, a fim de compreender o limiar desta degradação, foi elaborado um mapa sintético do índice de degradação das terras. Este mapa baseia-se no método desenvolvido por P. BARBANT (2008). Este método consiste em apresentar os tipos de degradação observados no terroir, estimar a sua extensão à escala da unidade de utilização do solo e determinar o seu grau. Estes dois últimos indicadores são combinados para produzir o índice sintético de degradação do solo. Tudo isto foi possível graças ao tratamento de imagens de satélite da localidade em 2020.

Além disso, para avaliar o estado de degradação dos serviços ecossistémicos e identificar as práticas actuais de gestão das terras nesta localidade, o método utilizado foi um método misto baseado em inquéritos socioeconómicos. Estes inquéritos centraram-se nas percepções das populações sobre os serviços ecossistémicos fornecidos pelos recursos naturais, os métodos actuais de gestão das terras, os riscos climáticos, as suas causas e as suas consequências para os ecossistemas. Os inquéritos foram efectuados através de um questionário (Anexo 1) enviado aos chefes de família de forma aleatória simples. Para o efeito, foram administrados 62 questionários, distribuídos da seguinte forma nas quatro aldeias circundantes (Fandou Mayaki, Kouboutché, Darey Beri e Gorma). No total, foram inquiridas 62 pessoas nas quatro aldeias da zona de estudo, com base numa escolha fundamentada que corresponde a 10% dos agregados familiares. A fim de obter informações pertinentes e fiáveis em relação ao ano de referência, foram adoptados dois critérios: A maioria das pessoas inquiridas deve ter 50 anos ou mais. Este critério foi escolhido com o objetivo de inquirir pessoas mais velhas que possuam informações retrospectivas relevantes sobre o clima e que o inquirido tenha também pelo menos 30 anos de experiência no local de estudo, o que lhe permite observar a dinâmica do seu ambiente e as actividades aí desenvolvidas no contexto da variabilidade climática e do crescimento demográfico.

Isto permitiu recolher informações qualitativas e quantitativas, que são tratadas através dos programas Sphinx e Excel. Estas informações são sensíveis porque constituem o testemunho das próprias pessoas em causa. O quadro 1 apresenta a situação nas aldeias inquiridas e a figura 1 mostra a faixa etária das pessoas inquiridas.

Quadro 1: Repartição dos agregados familiares inquiridos nas aldeias em estudo

Aldeias inquiridas	Número de famílias rurais em 2012	Número de agregados familiares inquiridos por aldeia	Percentagem da amostra por aldeia
Fandou Mayaki	345	35	56,45
Kouboutché	136	14	22,58
Darey Beri	72	7	11,29
Gorma	65	6	9,68
Total	618	62	100

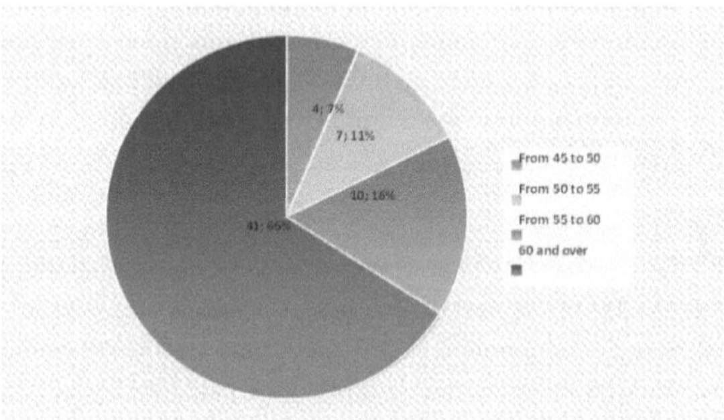

Figura 1: Faixa etária das pessoas inquiridas

A figura 1 mostra que 93% (58/62) das pessoas inquiridas tinham 50 anos ou mais e viviam no local de estudo há 30 anos ou mais. Isto permitiu recolher informações sensíveis junto de pessoas mais velhas, com um tempo de experiência que lhes permite observar a dinâmica do seu ambiente e das suas actividades no contexto da variabilidade climática e do crescimento demográfico.

As ferramentas utilizadas são :
- uma ficha de observação (apêndice 2) que descreve as diferentes unidades morfopedológicas, os tipos de danos observados no terreno e as diferentes formações vegetais;
- Arcgis10.1 e software ecognition developer 64 para produzir os vários mapas de degradação do solo;

- um telemóvel utilizado para fotografar os diferentes pontos de observação e recolher os dados de contacto.

- um formulário de inquérito individual dirigido aos chefes das famílias rurais.

1.2.2. Hipótese secundária 2

Para caraterizar os factores de degradação do solo na zona, foram tratados dados de pluviosidade e de granulometria, inquéritos e imagens de satélite. A primeira etapa consistiu em determinar a precipitação média anual acumulada registada de 1988 a 2018 na estação meteorológica de Filingué e o desvio padrão e, em seguida, calcular a precipitação média global da série para obter o índice de precipitação normalizado. Este índice, que reflecte um excedente ou um défice de precipitação para o ano em questão em relação ao período de referência, é calculado com base na fórmula de P. LAMB, (1982) que é igual a: (Xi - X)/S com Xi: precipitação no ano i, X: precipitação média interanual durante o período de referência e S: desvio padrão da precipitação interanual durante o período de referência.

Além disso, o número de dias de chuva por ano na mesma estação é determinado e analisado para gerar valores que correlacionem a precipitação média anual e os dias de chuva médios anuais. Isto permite explicar as variações observadas entre os diferentes anos. Os dados foram recolhidos no gabinete agrícola departamental de Filingué e tratados com recurso ao programa Microsoft Office (Excel).

Em seguida, foram recolhidas amostras de solo para análise granulométrica no laboratório de geomorfologia, a fim de evidenciar as caraterísticas dos solos da zona de estudo. Um total de dez (10) amostras foram recolhidas de 20 a 30 cm abaixo da superfície, a partir de transectos de observação. Para facilitar a identificação das amostras, o transecto norte é designado por T1 e o transecto sul por T2.

A escolha destes transectos resulta não só da disposição das aldeias nas diferentes unidades geomorfológicas, mas também da geomorfologia do próprio terreno.

Para a análise, foi colhida uma massa de 100 g de cada amostra, que foi depois peneirada a húmido num peneiro de malha quadrada de 0,04 mm. Esta peneiração húmida foi utilizada para separar a fração grosseira de grãos com diâmetros superiores a 0,04 mm da fração fina com diâmetros inferiores a 0,04 mm. A fração grosseira retida foi seca numa estufa a 105° e depois pesada numa balança de precisão com a precisão de um milésimo de grama.

O material rejeitado, assim seco e pesado, foi peneirado a seco numa coluna constituída por dezassete (17) peneiros de malha quadrada com os seguintes bordos: 2 mm; 1,6 mm; 1,25 mm; 1 mm; 0,8 mm; 0,63 mm; 0,5 mm; 0,4 mm; 0,315 mm; 0,25 mm; 0,2 mm; 0,16 mm; 0,125 mm; 0,1 mm; 0,08 mm; 0,063
mm; 0,05 mm e 0,04 mm. O rejeitado de cada peneira foi então pesado e a massa registada para fins estatísticos. Estes dados de massa das análises granulométricas foram utilizados para produzir curvas de frequência relativa e cumulativa. Foi assim possível caraterizar a textura arenosa das amostras de cada transecto. Para efetuar esta análise, foi utilizado um conjunto de

equipamentos de análise granulométrica (peneira, copo, estufa, balança).

Os mapas de utilização do solo foram produzidos através do processamento de imagens de satélite. Estas foram primeiro descarregadas do site Earthexplorer, depois cortadas de acordo com a área de estudo e exportadas para o software Ecognition developer 64 para segmentação e classificação das diferentes unidades de uso do solo. Foi possível identificar as diferentes unidades utilizando a nomenclatura de uso do solo do Níger de 2001 e o conhecimento do terreno. Após esta fase, as imagens foram reexportadas para Arcgis 10.1 para correção e criação de malhas. Para identificar a utilização do solo e os métodos de gestão, foram recolhidos dados através de inquéritos.

1.2.3. Hipótese secundária n.º 3

Para a última hipótese, que consistiria em propor possíveis alternativas de gestão para a preservação dos solos e dos serviços ecossistémicos, a pesquisa documental é de importância capital para analisar com pertinência e explicar claramente a eficácia das diferentes técnicas de gestão, recuperação e conservação dos solos degradados. Por conseguinte, foi efectuada em centros e serviços de documentação como a biblioteca do departamento de geografia, a biblioteca da FLSH, a biblioteca da Faculdade de Agronomia, a biblioteca AGRHYMET e o CNEDD, bem como na Internet e também junto de pessoas que podem fornecer informações ou dados relacionados com esta questão. O equipamento comum utilizado para estes diferentes métodos é o computador portátil, que é utilizado em todas as actividades.

1.3. APRESENTAÇÃO DA ZONA DE ESTUDO

Esta secção apresenta a localização geográfica e as várias caraterísticas biofísicas e socioeconómicas da área de estudo.

1.3.1. Localização

A zona objeto do presente estudo situa-se na comuna rural de Tondikandia, que faz parte das comunas do departamento de Filingué (região de Tillabéri). A sua superfície é de cerca de 2850 km2 e é essencialmente constituída por planaltos areníticos do Continente terminal, cortados por vales secos fósseis escavados no início do Quaternário (B. YAMBA, 1989).

Esta comuna está situada entre 2° 30' e 3° 50' de longitude leste e 13° 40' e 14° 20' de latitude norte. Limita a norte com as comunas de Kourfey Centre, Imanan e Filingué, a sul com as comunas de Simiri e Dingazi Banda (Ouallam), a leste com o departamento de Loga e a oeste com a comuna de Tagazar (Balleyara). Esta comuna está dividida em seis (6) sub-zonas, nomeadamente a zona de Attaloga, a zona de Damana, a zona de Fandou Mayaki, a zona de Kandoum, a zona de Talifanta e a zona de Tibewa (PDC Tondikandia, 2020). A zona de Fandou Mayaki é o objeto do presente estudo e é composta por 28 aldeias administrativas, das quais 4 foram objeto de inquérito. Estas aldeias situam-se entre os meridianos 2°53' e 2°56' e os paralelos 13°52' e 13°56'.

O mapa 1 mostra a comuna de Tondikandia e as aldeias inquiridas.

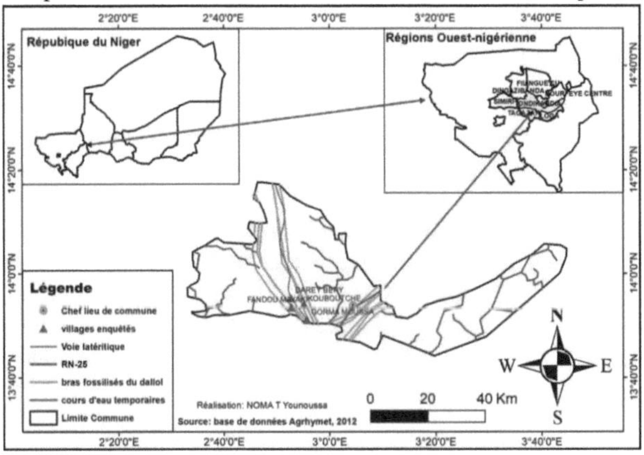

Mapa 1: Localização da zona de estudo

1.3.2. Caraterísticas biofísicas do ambiente

1.3.2.1. Geologia

Geologicamente, a comuna de Tondikandia situa-se no oeste do Níger, na grande bacia sedimentar denominada Bacia de Iullemeden. Esta bacia sedimentar é um vasto sinclinal (inclinação de 1 a 2%) que cobre a parte ocidental da República do Níger. Está aberta a noroeste pela bacia de Taoudenni (Mali), limitada a norte pelas montanhas de Aïr, a sul e sudoeste pelo subsolo de Liptako, a leste pelo Mounio de Damagaram e a sul pelo subsolo da Nigéria. A história geológica desta bacia é marcada por transgressões marinhas intercaladas por episódios continentais desde o Paleozoico até ao Cenozoico (GREIGERT, 1966) citado por M. MALAM ABDOU, (2005).

De facto, é essencialmente constituída por formações continentais terminais do Terciário, que são sedimentos detríticos dominados por argilas e arenitos que preencheram a bacia até uma profundidade de mais de 450 m (DUBOIS e LANG, 1984) relatados por M. MALAM ABDOU, (2005). Estas formações sedimentares são cortadas por vales fósseis secos escavados no início do Quaternário. Estes vales, cuja presença quebra a monotonia da paisagem, são preenchidos por depósitos de zonas aluviais e eólicas e ocupados por cursos de água temporários (B. YAMBA, 1989).

1.3.2.2. As unidades de paisagem

Do ponto de vista geomorfológico, a bacia sedimentar de Iullemeden é caracterizada por planaltos areníticos muito extensos, com a parte inferior blindada. Estes planaltos, com uma altitude média de 260 m, apresentam encostas íngremes que são dissecadas por redes hidrográficas fósseis tributárias do rio Níger (os Dallols) (M. MALAM ABDOU, 2005). Assim, segundo F. OUSSEINI SIDIKOU, (2015) a observação e a análise da carta topográfica da zona (cf.: carta topográfica, folha ND-31-VXI), permite distinguir quatro tipos de unidades geomorfológicas na comuna de Tondikandia de proporções variáveis.

1.3.2.2.1. Os contratempos

Os planaltos cobrem a maior parte da comuna, ou seja, 33% da sua superfície total (F. OUSSEINI SIDIKOU, 2015). A parte inferior dos planaltos é constituída por uma dispersão eólica ligeira, cobrindo laterite ou cuirasse ferruginosa, o que confere aos solos um aspeto cascalhento (O. AMADOU, 2016) retirado de SOS Sahel, 2002. Nestes planaltos, os solos pertencem também ao grupo dos solos tropicais ferruginosos pouco ou nada lixiviados, de textura arenosa a areno-argilosa, geralmente pobres, com um teor de húmus muito baixo, raramente superior a 2% (B. YAMBA, 1989) e F. OUSSEINI SIDIKOU, 2015). Estes planaltos são geralmente planos ou ligeiramente ondulados. No cimo destes planaltos, existem pequenas depressões de cerca de dez metros quadrados onde as águas de escorrência podem estagnar e formar uma espécie de lagoa permanente.

Nestes planaltos, podem distinguir-se as seguintes fácies: arbustos de tigre, zonas cultivadas com vegetação esparsa e zonas profundamente desnudadas (Y. MOUKAILA, 1988).

Do ponto de vista agrícola, os cumes dos planaltos não oferecem grandes potencialidades. No entanto, são utilizados como zonas de pastagem e fornecem a maior parte da lenha e da madeira aos agricultores. Por conseguinte, estas unidades geomorfológicas estão atualmente completamente desnudadas. Estes planaltos são delimitados por vertentes rochosas ou de seixos, ou por glaciares de afloramento que foram fortemente ravinados nas suas partes a montante (O. AMADOU, 2016).

1.3.2.2.2. As encostas dos planaltos

As encostas dos planaltos lateríticos cobrem 19% da superfície da comuna (F. OUSSEINI SIDIKOU, 2015) e ocupam zonas onde a erosão por lavagem e por ravinamento nas encostas mais íngremes é o fenómeno pedogenético mais importante. Estas encostas podem ser subdivididas em encostas superiores, onde aflora o material geológico inicial, e encostas inferiores, onde este material geológico é coberto por depósitos eólicos ou coluviais. Muitas pedras, seixos e cascalhos lateríticos afloram atualmente nestas unidades. Esta situação faz com que estas zonas sejam marginalizadas e reservadas unicamente à pastagem de gado (B. YAMBA, 1989; F. OUSSEINI SIDIKOU, 2015 e O. AMADOU, 2016).

1.3.2.2.3. Vidros

Os glacis, constituídos por sistemas eólicos (duna, complexo dunar) que ocupam a parte ocidental do município e por sistemas aluviais (vale, dallol e baixios) retrabalhados em superfícies bastante planas com declives suaves de cerca de 1 a 2%, cobrem 47% do município (F. OUSSEINI SIDIKOU, 2015; O. AMADOU, 2016). A maior parte destes glaciares foram degradados a montante por ravinamento e deflação, e apresentam contornos variáveis: superfícies suavemente onduladas entre ravinas, por vezes nuas e cravejadas de finas películas areno-lamosas (crosta de escoamento e de dessecação), por vezes assoreadas com material eólico fino e móvel ou <<bad-lands>> com garras e ravinas profundas nas quais se acumulam elementos grosseiros provenientes das vertentes e remobilizados por escoamentos torrenciais, enquanto a zona a jusante é arenosa e geralmente funcional. Estes glacis são maioritariamente constituídos por solos ferruginosos pouco lixiviados, essencialmente arenosos (O. AMADOU, 2016).

1.3.2.2.4. Os baixios

As terras baixas que constituem o sistema depressionário ocupam 1% da comuna (F. OUSSEINI SIDIKOU, 2015).

São as unidades de paisagem mais baixas da topossequência e contêm as zonas de encontro e de organização das águas das vertentes (O. AMADOU, 2016). Estas zonas mais deprimidas são frequentemente inundadas temporariamente, onde as águas pluviais provocam assoreamento por espalhamento. Além disso, os fundos de vale constituem canais de drenagem intermitentes, ocupados nas bacias argilosas por poças semipermanentes que se estendem na direção do vale.

São geralmente largas e alongadas e constituídas por materiais argilosos e areno-lodosos com uma cobertura vegetal notável (B. YAMBA, 1989; O. AMADOU, 2016).

Estas lagoas estão rodeadas por uma densa vegetação de espécies que toleram a hidromorfia temporária, como Mytragina inermis, Accacia nilotica e Piliostigma reticulatum, e oferecem um potencial significativo para a horticultura comercial, especialmente na zona de Damana (B. YAMBA, 1989).

1.3.2.3. Hidrografia

A bacia de Iullemeden é caracterizada por uma rede hidrográfica conhecida como os dallols que drenam a região. Estes dallols, outrora funcionais, estão atualmente completamente degradados e tornam-se muitas vezes centrípetos e endoréticos, desconectados uns dos outros. De facto, esta situação pode resultar de obstruções causadas por depósitos sólidos localizados, nomeadamente na junção do dreno com o coletor, ou pela erosão do talude do leito (por depósitos de areia eólica e coluvial) dos colectores principais, dando assim origem a várias sub-redes hidrográficas (DESCONNETS, 1994 relatado por M. MALAM ABDOU, 2005). Esta situação dá origem a uma descontinuidade dos caudais, resultando numa série de charcos temporários ou permanentes durante os meses de inverno.

A comuna de Tondikandia, objeto do presente estudo, dispõe igualmente de recursos hídricos superficiais significativos. Assim, de acordo com o diagnóstico dos recursos naturais da comuna, em 2014 existiam quarenta (40) lagoas permanentes e sessenta e duas lagoas semi-permanentes espalhadas pela parte central da comuna (F. OUSSEINI SIDIKOU, 2015). Além disso, um curso de água sazonal (ramo do dallol bosso) atravessa a Comuna durante a estação das chuvas desde a fronteira do Mali até à confluência de Balleyara, passando por Wankama para alimentar o rio Níger na sua secção média. A zona de Fandou situa-se no vale de um dos ramos do dallol bosso, atualmente fossilizado por depósitos aluviais e coluviais.

1.3.2.4. Clima

No Níger, como no resto da África Ocidental, a circulação atmosférica é controlada pela posição e importância relativa dos anticiclones e das depressões térmicas. Esta circulação atmosférica é marcada pela alternância de duas massas de ar (o harmatão e a monção) de origem e carácter diferentes. A primeira é o ar tropical continental quente e seco. Trata-se de uma massa de ar que sopra do norte ou do nordeste, proveniente de depressões térmicas do Sara. A segunda é uma massa de ar relativamente fria e húmida proveniente do anticiclone de Sainte-Hélène no Oceano Atlântico (Y. MOUKAILA, 1988; M. MALAM ABDOU, 2005). A superfície de contacto entre estas duas massas forma o que se chama uma frente intertropical, cujo movimento ao longo do meridiano determina duas estações no Níger: uma estação seca e uma estação de inverno (M. MALAM ABDOU, 2005).

As condições climáticas do departamento de Filingué, tal como as do Níger em geral, caracterizam-se por um clima tropical saheliano marcado por uma longa estação seca, de novembro a junho, e por uma estação chuvosa relativamente curta, de junho a outubro. As precipitações nesta zona são irregulares e distribuídas de forma desigual no tempo e no espaço, com médias anuais de cerca de 650 mm/ano entre 1931 e 1970. No entanto, desde 1968, registou-se uma diminuição da precipitação, com períodos de seca mais frequentes, como 1968, 1971, 1974, 1982, 1984 e 1987 (Y. MOUKAILA, 1988). Este facto é confirmado por F. OUSSEINI SIDIKOU, (2015) segundo o qual a precipitação média anual na estação de Filingué foi de cerca de 400 mm/ano entre 1950 e 2013. O clima desta zona é também caracterizado por um vento quente e seco (harmattan) que sopra de novembro a abril na direção norte ou nordeste para sudoeste, e um vento quente e húmido (monção) que sopra geralmente de maio a outubro na direção sul ou sudoeste para nordeste (F. OUSSEINI SIDIKOU, 2015).

Com base em todas estas caraterísticas, podemos supor que a comuna de Tondikandia, incluída neste departamento, a cerca de sessenta quilómetros da sua capital (Filingué), partilha as mesmas caraterísticas climáticas que esta última, como mostra a figura 2.

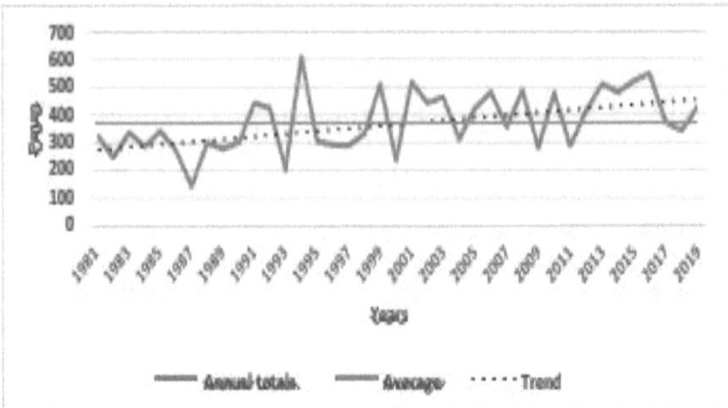

Figura 2: Variação interanual da precipitação na comuna de Tondikandia de 1981 a 2019, Fonte: **PDC de Tondikandia, 2020**

Este gráfico mostra que a precipitação varia de forma espetacular neste município, com uma grande diferença entre o máximo de 607,8 mm em 1994 e o mínimo de 135,1 mm em 1987, enquanto a média interanual é de 370,16 mm. A figura mostra três (3) períodos diferentes: de 1981 a 1990, quando a precipitação diminuiu significativamente; de 1991 a 2000, quando a precipitação variou entre anos húmidos e secos; e de 2001 a 2019, que é o período mais húmido da série, embora também contenha alguns anos secos. Note-se que este gráfico mostra a variabilidade interanual da precipitação, com alternância de anos húmidos e secos entre

1991 e 2000, em contraste com a persistência de anos secos antes de 1990 e anos húmidos entre 2000 e 2019.

1.3.3. Caraterísticas demográficas e socioeconómicas

1.3.3.1. Tendências e caraterísticas da população

A comuna rural de Tondikandia, na qual se situa a área de estudo, está a registar as mesmas tendências demográficas que a maioria das outras comunas rurais do Níger. Segundo as estatísticas do INS, a população desta comuna era de 108147 habitantes em 2012. Com uma taxa de crescimento anual regional de 3,2% (INS, 2015), esta mesma população está estimada em 145171 habitantes em 2020 e aumentará para 168255 habitantes em 2024 (INS, 2021).

Com uma superfície de cerca de 2 850 km², caracteriza-se por um forte crescimento demográfico, com densidades elevadas que vão de 37,94 habitantes por km² em 2012 a 50,93 habitantes por km² em 2020, passando a 59,03 habitantes por km² em 2024 (quadro 2). Esta explosão demográfica está a exercer uma grande pressão sobre os recursos naturais (terra, água, vegetação, etc.), que estão a diminuir de dia para dia. Esta situação tem consequências socio-ambientais, nomeadamente a escassez de terras aráveis, que já é uma realidade na maior parte das aldeias da comuna, a redução da duração dos períodos de pousio, a degradação do coberto vegetal, a diminuição da produção agrícola, o aumento do êxodo rural para as grandes cidades como Niamey ou para os países vizinhos, esvaziando assim as aldeias dos seus efectivos, etc.

Tabela 2: Alterações na dimensão e densidade da população em Tondikandia de 2012 a 2024; Fonte: INS, 2021

Anos	População	Densidade
2012	108147	37,94
2013	112206	39,37
2014	116414	40,84
2015	120777	42,37
2016	125301	43,96
2017	129994	45,61
2018	134865	47,32
2019	139922	49,09
2020	145171	50,93
2021	150621	52,84
2022	156275	54,83
2023	162150	56,89
2024	168255	59,03

1.3.3.2. Actividades socioeconómicas

As principais actividades socioeconómicas da comuna são a agricultura e a criação de gado, praticadas por mais de 80% da população. Outras actividades incluem o artesanato, o comércio e a migração, que são consideradas actividades secundárias nas zonas rurais.

1.3.3.2.1. Agricultura

A agricultura continua a ser a principal atividade praticada pela quase totalidade dos habitantes da comuna. De facto, mais de 90% dos seus habitantes sedentários vivem da agricultura, ou seja, é o principal alimento de base e a principal fonte de rendimento da população da comuna.
As terras aráveis são semeadas com dois tipos de culturas: de sequeiro e de regadio.

1.3.3.2.1.1. Agricultura de sequeiro

É a principal forma de agricultura praticada em todas as aldeias da comuna de Tondikandia. Ocupa a maior parte da população da comuna. Esta atividade prolonga-se durante toda a estação das chuvas. As principais culturas de sequeiro são o painço, a mapira, o feijão, o amendoim, a azeda, o sésamo, o quiabo, o voandzou, o souchet, etc., que são culturas alimentares e de rendimento.
O painço é cultivado nos campos de dunas e nas encostas de certos planaltos; é frequentemente combinado com feijão. O sorgo é cultivado nos vales. O quiabo, o amendoim e outras culturas são cultivados em parcelas de terreno nos campos pelas mulheres.
Este tipo de agricultura caracteriza-se por :

- forte dependência de precipitações irregulares, muitas vezes mal distribuídas no espaço e no tempo

- o desaparecimento do pousio como método de recuperação da fertilidade dos campos, dada a escassez de terras agrícolas;
- A sobre-exploração das terras agrícolas, que está a conduzir cada vez mais à degradação dos solos, resultando numa menor produção;
- a utilização de técnicas rudimentares que não garantem uma produção satisfatória;

- agricultura sem a utilização de factores de produção adequados.

Por conseguinte, quase todos os anos se registam défices cerealíferos importantes, com repercussões no estado nutricional das populações (PDC Tondikandia, 2020).

1.3.3.2.1.2. Agricultura de regadio

A agricultura de regadio ou de entressafra é praticada na comuna no dallol e nas terras baixas. As principais culturas são as leguminosas, os frutos e os tubérculos. Trata-se de uma atividade simultaneamente consumidora e comercial, com benefícios nutricionais importantes para a população local. Esta atividade representa uma importante fonte de rendimento para os que a praticam. Contribui igualmente para reduzir o défice de cereais na agricultura de sequeiro. Com o défice cerealífero dos últimos anos, a existência de tanques semi-permanentes e a instalação de fontanários por todo o lado, a prática desta atividade está a expandir-se neste concelho, no entanto, os métodos de rega são ainda arcaicos, com pouca utilização de motobombas, sementes melhoradas e outros materiais modernos. Este facto dificulta a contribuição desta atividade para o desenvolvimento da comuna.

1.3.3.2.2. Reprodução

A criação de gado é a segunda atividade principal da comuna, depois da agricultura. É praticada tanto por homens como por mulheres e representa mais de 80% da população ativa.

A pecuária e a agricultura complementam-se mutuamente. De facto, quase todas as famílias têm gado.
Estes animais incluem os azuis, os bovinos, os camelos, as cabras, os cavalos e as ovelhas, sendo os mais populares as cabras, os bovinos e as ovelhas.
Existem dois tipos de criação de gado nesta localidade: sedentária e transumante. A pecuária sedentária diz respeito principalmente aos pequenos ruminantes, que são criados em casa pelos agro-pastores para satisfazer as suas necessidades primárias. Este tipo de criação permite poupar em caso de emergência financeira para a alimentação, cerimónias ou outras actividades. As vacas são criadas para o leite e os burros e bois para o transporte. Quanto à transumância, esta é constituída pelo resto dos rebanhos, especialmente os grandes ruminantes, confiados a pastores que os levam para pastagens longe das aldeias, em direção à zona pastoril (Norte). No entanto, este tipo de criação de gado está em declínio devido à insegurança que se instalou no país, especialmente na parte norte de Tillabéry, que é uma zona pastoral.
Estes animais pastam nos planaltos e nas terras glaciares não cultivadas.

A alimentação animal baseia-se essencialmente em recursos de pastagem, forragens aéreas e resíduos de culturas. Os animais são abeberados em charcos, reservatórios de água e pontos de abeberamento modernos (poços pastoris e estações de bombagem) (PDC Tondikandia, 2020).
A população dedica-se também à criação de aves. As principais espécies são as galinhas e as galinhas-d'angola, às quais se juntam os patos e os pombos. Os produtos e subprodutos da avicultura são utilizados na alimentação e, sobretudo, na venda para satisfazer outras necessidades da população local. domésticas (alimentação, vestuário e certas cerimónias religiosas). Além disso, fornecem adubo orgânico para fertilizar os solos.

1.3.3.2.3. Artesanato

O artesanato é praticado na comuna, mas de forma limitada. Há uma variedade de ofícios artesanais, incluindo ferreiros, curtidores, alfaiates, sapateiros, pedreiros, oleiros, soldadores, fabricantes de tapetes, carpinteiros, mecânicos, cabeleireiros, entrançadores, vulcanizadores, fabricantes de poços e talhantes. A maior parte destes artesãos trabalha por conta própria, de forma arcaica e periódica. No entanto, esta atividade, que poderia contribuir para a satisfação das necessidades primárias, é prejudicada pela falta de apoio técnico e financeiro, pela falta de formação dos artesãos, pelas dificuldades de venda dos produtos artesanais e pelo acesso às matérias-primas.

1.3.3.2.4. O comércio

As trocas comerciais dizem geralmente respeito a produtos agro-silvo-pastoris, e as transacções são muito mais significativas após a colheita. O comércio diz respeito principalmente a produtos de base como o painço, o sorgo, o feijão, a alface, a couve, os condimentos, etc., que são comprados e vendidos nos mercados locais.
Seguem-se o artesanato e os produtos manufacturados, tais como esteiras, vestuário, calçado, açúcar, chá, produtos alimentares, etc. Todas estas trocas têm lugar nos grandes mercados semanais da comuna, que são os mercados de Damana, Fandou Mayaki, Tibewa, Fandou Beri e Attaloga. Estes mercados baseiam-se em produtos locais, importados e exportados. Apesar de tudo isto, esta atividade não está bem desenvolvida na comuna. Esta situação deve-se principalmente ao isolamento de muitas aldeias e à degradação avançada das vias em certas

localidades. Esta situação dificulta a venda dos produtos agro-silvo-pastoris locais e o abastecimento dos mercados com outros produtos.

1.3.3.2.5. O êxodo

No contexto atual, o êxodo é visto como uma prática destinada a reforçar a resiliência das famílias face aos riscos climáticos e à escassez de terras aráveis. De facto, esta é uma prática muito comum nesta comuna, com quase toda a população a deixar a sua aldeia logo após a época das colheitas para as cidades vizinhas. As razões deste êxodo são simplesmente económicas, uma vez que aqueles que partem não só reduzem os seus encargos familiares, mas sobretudo apoiam as suas famílias enviando dinheiro para colmatar a falta de alimentos.

1.4. DIFICULDADES ENCONTRADAS

Qualquer trabalho empreendido tem os seus vícios inerentes, especialmente para um principiante. Foram encontradas várias dificuldades durante a realização deste estudo. O facto de o período de recolha de dados ter coincidido com a estação das chuvas fez com que o encontro com as pessoas inquiridas fosse um problema. Além disso, a falta de segurança e a proibição de circulação de motociclos impediram-nos de aceder a certas zonas remotas para a fase de observação, razão pela qual todo o inquérito só foi realizado na parte oriental da zona. O facto de não estarmos totalmente familiarizados com o software GIS também levou a anomalias na produção dos vários mapas. Finalmente, a falta de acesso a certos dados sobre outros parâmetros climáticos levou a uma falha na simulação das variações dos parâmetros climáticos.

CAPÍTULO 2
ESTADO DA DEGRADAÇÃO DOS SOLOS E DOS SERVIÇOS ECOSSISTÉMICOS

Este capítulo irá primeiro avaliar o estado de degradação da terra e depois a dinâmica dos serviços ecosistémicos na área de estudo.

2.1. AVALIAÇÃO DO ESTADO DE DEGRADAÇÃO DAS TERRAS NA TERRA DE FANDOU MAYAKI

A degradação das terras é um fenómeno muito significativo no terroir de Fandou Mayaki. Assume várias formas, incluindo a erosão e a degradação estrutural. Os fenómenos mais salientes nesta localidade são a erosão hídrica e eólica e a degradação física e biológica. A degradação química não pôde ser determinada devido à falta de equipamento necessário. No entanto, também pode ser observada na queda da produção agrícola, como afirmaram os inquiridos. A extensão destes tipos de degradação varia de uma unidade para outra. Vai de ligeira a muito grave. Quanto ao grau, varia de baixo a muito alto. A combinação destes dois factores permitiu determinar o índice de degradação, que varia de baixo a muito elevado. As fotos 1, 2, 3, 4 e 5 mostram a situação observada em termos de degradação nesta localidade. Foram igualmente elaborados mapas para confirmar esta hipótese.

Foto 1: Zona completamente incrustada no sopé do planalto de Kouboutché

Foto 2: Um grande afloramento rochoso no planalto de Kouboutché

Foto 3: Superfície desnudada pelo esvaziamento do glacis a jusante (T1)

Foto 4: Uma zona gravemente ameaçada pela erosão de ravinas no sopé do planalto de Gorma

Foto n°5 : Assoreamento nos baixios de Gorma

Existem vários métodos para avaliar a degradação dos solos. Para este estudo, é adotado o método de P. BARBANT, (2008). Este método consiste em identificar os diferentes indicadores de degradação, a partir dos quais será determinado um índice para caraterizar o estado global de degradação dos solos. Para o efeito, a cartografia é essencial para produzir mapas de tipos, extensão e grau de degradação. A combinação destes dois últimos indicadores conduziu à produção de um mapa sintético do índice de degradação das terras.

2.1.1. Tipos de degradação dos solos

Os diferentes tipos de degradação observados no terroir de Fandou Mayaki são a erosão eólica, a erosão hídrica, a degradação biológica e a degradação física. Estes tipos de degradação variam consoante as unidades de utilização do solo. Para as unidades de matos degradados, de matos de tigre degradados e de floresta ripícola, os tipos mais dominantes são a erosão eólica (deflação), a erosão hídrica (erosão em lençol, linear e em ravina) e a degradação biológica (perda de vegetação). As formações ripícolas regulares estão igualmente sujeitas aos mesmos tipos de degradação, com exceção da degradação biológica. As habitações humanas caracterizam-se pela erosão hídrica (ravinamento nas ruas do bairro). Os pousios e as zonas cultivadas estão ameaçados pela degradação biológica (perda de vegetação), pela degradação física (formação de crostas), pela erosão eólica (deflação e formação de nebkas) e pela erosão hídrica (erosão difusa). Nas massas de água, a erosão eólica e hídrica conduzem ao assoreamento. As unidades de superfície nua sofrem os efeitos da degradação física através da formação de crostas, da erosão hídrica através da erosão difusa e linear, da erosão eólica através da deflação e da degradação biológica com uma enorme perda de vegetação. O terreno rochoso é marcado pela erosão eólica (deflação), erosão hídrica (erosão difusa) e degradação biológica (perda de vegetação). O mapa 2 mostra o estado atual dos tipos de degradação observados no terroir de Fandou Mayaki.

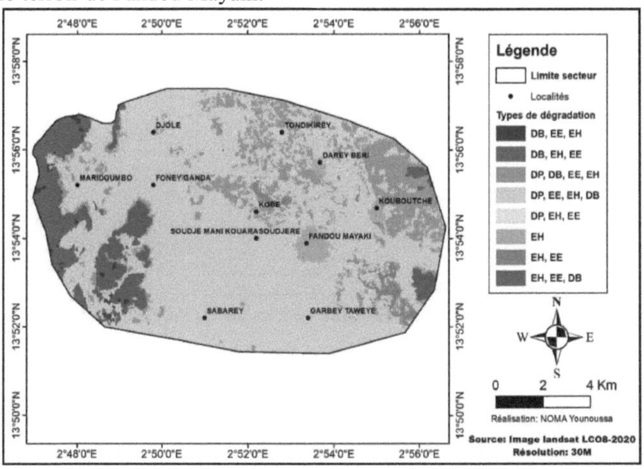

Legenda: EE: erosão eólica; **DP**: degradação física; **EH**: erosão hídrica; **DB**: degradação biológica

Mapa 2: Tipos de degradação observados no terroir de Fandou Mayaki.

2.1.2. A propagação da degradação dos solos

Para efeitos do presente estudo, a extensão da degradação refere-se à superfície ocupada pelo tipo de degradação à escala da unidade de utilização do solo. Ao estimar a extensão da degradação neste terroir, foi possível determinar quatro classes de extensão. As classes de extensão baixa, média, alta e muito alta. Estes diferentes níveis de extensão da degradação variam de uma unidade de utilização do solo para outra. Assim, a classe baixa, que corresponde a uma extensão entre 5% e 25% da superfície degradada da unidade, observa-se nas unidades de povoamento humano, nos pousios e em algumas zonas cultivadas do halo da aldeia. A classe de extensão média corresponde à degradação que ocupa entre 26% e 50% da unidade. Esta classe de extensão encontra-se em unidades com formações ripícolas regulares, massas de água e terrenos agrícolas. Para a classe de extensão forte, indica que a degradação ocupa uma superfície de 51% a 75% da unidade, podendo ser observada nas unidades de matos degradados, matos de tigre degradados, formações ciliares degradadas, terrenos rochosos e áreas cultivadas. Quanto à classe de extensão muito elevada, representa áreas onde mais de 75% da superfície foi degradada. Isto observa-se nas unidades de superfície nua, que no seu conjunto estão incrustadas.

O mapa 3 mostra a extensão da degradação de acordo com as diferentes unidades de ocupação do solo.

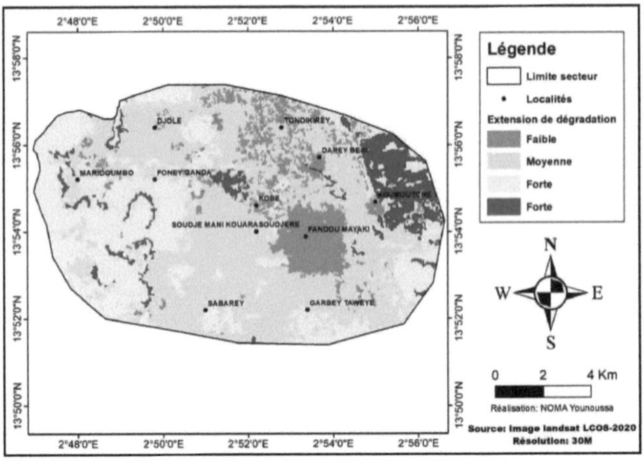

Mapa 3: Extensão da degradação das terras no terroir de Fandou Mayaki.

2.1.3. O grau de degradação das terras

De acordo com P. BARBANT (2008), o grau de degradação é o estádio de gravidade (ou severidade) atingido por um determinado tipo de degradação numa determinada área de terra. É avaliado através de dois métodos: um que se refere às variáveis físicas do solo e outro que se refere principalmente ao impacto da degradação na produtividade das terras. A aplicação destes métodos permitiu determinar quatro classes de grau de degradação no terroir de Fandou Mayaki. São elas: baixo, médio, alto e muito alto. O quadro 3 apresenta as classes de grau e a superfície ocupada por cada uma delas na zona de estudo.

Quadro 3: Superfície das classes de degradação das terras do terroir de Fandou Mayaki, Fonte: nosso estudo

Grau de degradação	Área de superfície (ha)	Proporção (%)
Baixa (2)	1779,48	11,56
Médio (3)	7252,47	47,09
Forte (4)	3582	23,26
Muito forte (5)	2785,95	18,09
Total	15399,9	100

Este quadro mostra que a classe média ocupa a maior área de terra, ou seja, 47,09%. Segue-se a classe alta, que representa 23,26%. Segue-se a classe muito forte, que representa 18,09% da área de estudo. A classe fraca vem em último lugar, representando apenas 11,56% da área. Essas classes de grau, assim como os indicadores anteriores, diferem de uma unidade de ocupação para outra. De facto, o grau de degradação baixo caracteriza os pousios, as habitações humanas e as zonas cultivadas próximas das habitações. As unidades com um grau de degradação médio são outras áreas cultivadas que são fortemente exploradas, mas algumas das quais são alteradas pelos agricultores. O grau de degradação elevado é observado nas formações ripícolas degradadas e regulares e nas massas de água. Para os matos degradados, os matos de tigre degradados, as superfícies nuas e os terrenos rochosos, o grau de degradação das terras é estimado como muito elevado. É o que mostra o mapa 4. Ele mostra a classificação deste grau nas diferentes unidades.

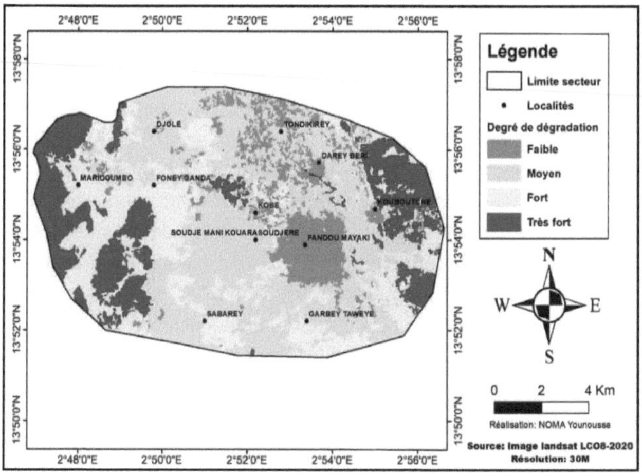

Mapa 4: Grau de degradação das terras na zona de Fandou Mayaki

2.1.4. O índice sintético de degradação do solo

O índice sintético de degradação é o principal parâmetro de avaliação da degradação das terras. É determinado com base em dois indicadores: a extensão e o grau dos tipos de degradação. Este parâmetro permite caraterizar o limiar de degradação das terras de um ambiente para outro. O quadro 4 apresenta as diferentes classes de índices determinados no terroir de Fandou Mayaki.

Quadro 4: Superfícies abrangidas por classes de índices de degradação do solo no terroir de Fandou Mayaki, Fonte: o nosso estudo

Índice de degradação	Área de superfície (ha)	Proporção (%)
Baixo (2)	1779,48	11,56
Médio (3)	7124,22	46,26
Forte (4)	3710,25	24,09
Muito forte (5)	2785,95	18,09
Total	15399,9	100

Este quadro apresenta quatro (4) índices para este terroir: o índice baixo, o índice médio, o índice alto e o índice muito alto. Verifica-se que as terras moderadamente degradadas desta localidade representam quase metade da área de estudo, com uma superfície estimada em 7124,22 ha, ou seja, 46,26% das terras. No entanto, caracterizam-se por uma degradação química grave, como mostra o quadro 6, que revela que os agricultores registaram uma queda acentuada da produção agrícola nesta zona nos últimos 20 anos. Seguem-se as terras de índice elevado, ou seja, as terras gravemente degradadas. Estas cobrem uma superfície de 3.710,25 ha, com uma percentagem de 24,09%. As terras muito gravemente degradadas vêm em terceiro lugar, com 2 785,95 hectares, ou seja, 18,09% da superfície. As terras fracamente degradadas cobrem uma grande parte do sector, com uma superfície de 1 779,48 ha, ou seja, 11,56%. Estas classes de degradação são identificadas nas diferentes unidades de uso do solo. Como mostra o Mapa 5, as unidades de habitação humana, os pousios e algumas áreas cultivadas sofreram pouca degradação. A degradação moderada é evidente em quase toda a área. As zonas cultivadas, embora muito exploradas, estão menos degradadas do que as outras unidades. As formações ripícolas degradadas, as formações ripícolas regulares e algumas zonas cultivadas constituem as unidades onde a degradação é considerada elevada. As unidades que sofreram uma degradação muito grave das suas terras são os matos degradados, os matos de tigre degradados, as superfícies nuas e os terrenos rochosos. O mapa 5 mostra o estado atual da degradação das terras na zona de Fandou Mayaki.

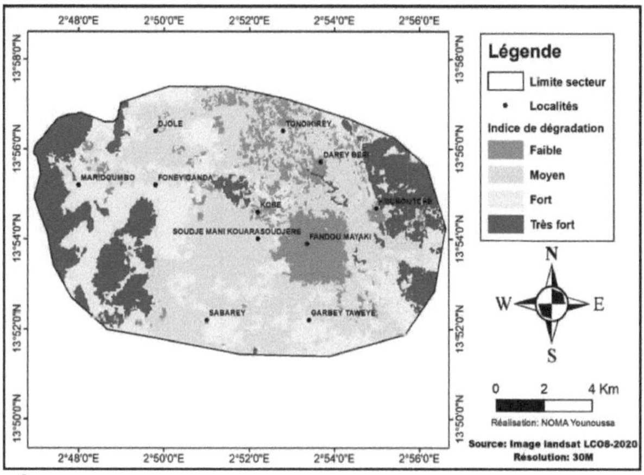

Mapa 5: Índice sintético de degradação do solo na zona de Fandou Mayaki

2.1.5. Síntese do estado de degradação das terras na zona de Fandou Mayaki

O estado global da degradação das terras nesta zona é apresentado no quadro 5. Este quadro é constituído pelos diferentes indicadores e pelo índice sintético de degradação do solo. O quadro mostra que cada unidade de uso do solo está sujeita a pelo menos dois tipos de degradação, com exceção das habitações humanas. Isto mostra que todas as unidades estão sujeitas a vários tipos de degradação. Além disso, este quadro apresenta as classes de extensão dos tipos de degradação do solo nas diferentes unidades. Assim, duas (2) unidades têm uma extensão de tipos de degradação considerada baixa e duas (2) outras cuja extensão de degradação é estimada como média. Três (3) unidades têm uma extensão de degradação estimada como alta a muito alta, enquanto as três classes (baixa, média e alta) são observadas nas terras cultivadas. Para além da extensão, o grau de degradação é também apresentado nesta tabela. O grau de degradação varia de baixo a muito elevado, sendo o grau de degradação das habitações humanas e dos pousios considerado baixo. O grau médio é estimado para uma única unidade, enquanto o grau elevado é observado em apenas quatro unidades. O grau muito elevado é igualmente avaliado em quatro unidades de utilização do solo. Finalmente, este quadro apresenta o índice sintético resultante da combinação destes dois parâmetros. Este índice mostra que a degradação é estimada como baixa em duas unidades. Mostra também que essa mesma degradação é considerada fraca, média e forte numa unidade, enquanto é classificada como forte a muito forte em sete unidades restantes.

Quadro 5: Síntese do estado de degradação das terras no terroir de Fandou Mayaki, Fonte: o nosso estudo

Unidades de utilização do solo	Tipos dominantes de degradação	Classe extensão	Classe de grau de degradação	Valor total	Valor de o índice	Qualificação índice
Matos degradados	ErosãoErosão eólica , erosãoerosão hídrica, degradação biológica	4	5	9	5	Muito forte
Arbustos de tigre degradados	ErosãoErosão eólica , erosãoerosão hídrica, degradação biológica	4	5	9	5	Muito forte
Formações ripícolas degradadas	Degradação física, erosãoerosão , erosãoerosão do vento, degradação biológica	4	4	8	4	Forte
Formações ripícolas regulares	Degradação física, erosão hídricaerosão, erosão eólica	3	4	7	4	Forte
Assentamentos humanos	Erosão hídrica	2	2	4	2	Baixa
Pousio	Degradação biológica, degradação física, erosão eólica , erosão hídrica	2	2	4	2	Baixa
Corpos de água	Erosãoerosão eólica, erosão hídrica	3	4	7	4	Forte
Superfícies nuas	Degradação física, erosãoerosão , erosãoerosão do vento, degradação biológica	5	5	10	5	Muito forte
Terreno rochoso	Erosãoerosão , erosãoerosão do vento, degradação biológica	4	5	9	5	Muito forte
Zonascultivo	Degradação física, erosão eólicaerosão, erosãoerosão hídrica, degradação biológica	2 3 4	2 3 3	4 6 7	2 3 4	Baixo Médio Forte

2.2. AVALIAÇÃO DA DINÂMICA DOS SERVIÇOS ECOSSISTÉMICOS NA ZONA DE FANDOU MAYAKI

2.2.1. Serviços de aprovisionamento

2.2.1.1. Recursos alimentares

2.2.1.1.1. Agricultura

A agricultura é o mais importante destes serviços. Existem dois tipos de agricultura: de sequeiro e de regadio. A agricultura de sequeiro é a forma mais comum de agricultura nesta localidade, como mostra a Figura 3. Das 62 pessoas inquiridas, 100% afirmaram praticar a agricultura durante todos os períodos de referência. No entanto, nos últimos anos, as variações climáticas combinadas com outros factores, como a degradação dos solos, fizeram com que esta atividade não conseguisse acompanhar a procura. para satisfazer as necessidades da população. Por conseguinte, a população tem de encontrar outras soluções para compensar o défice de produção agrícola, daí a intensificação da agricultura de regadio ou das culturas fora de época. Esta atividade era menos popular entre a população há 30 anos, uma vez que apenas três

(3) as pessoas cultivavam principalmente alface, couve e batata. Dez anos mais tarde, podemos constatar que esta atividade evoluiu, com mais de cinco milhões de pessoas a participarem nela. (5) pessoas e a utilização de outras variedades, como a cenoura. Além disso, esta prática generalizou-se nos últimos anos, pois o número de pessoas que a praticam aumentou mais de dez (10) no espaço de dez anos, e as variedades utilizadas também aumentaram. Esta constatação é corroborada pela figura 3, que mostra que o número de pessoas que praticam a agricultura de sequeiro e de regadio passou de menos de 5 há 30 anos para quase 20 atualmente, ao passo que as pessoas que praticam a agricultura de sequeiro se mantiveram constantes.

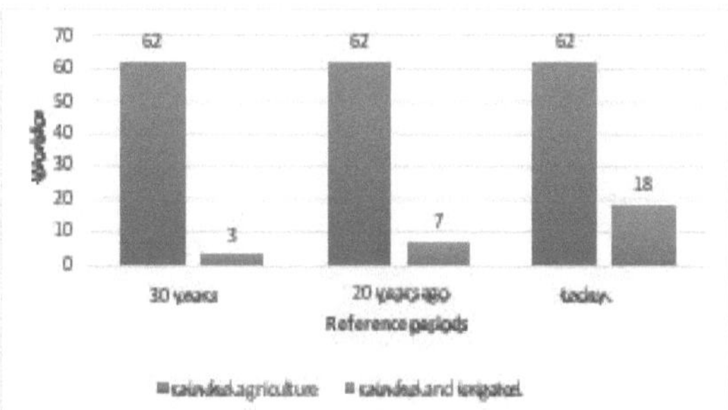

Figura 3: Tipos de agricultura praticados na zona de Fandou Mayaki, Fonte: inquérito no terreno

2.2.1.1.2. Reprodução

A criação de gado é o segundo maior sector da economia rural. Nos últimos anos, tal como a agricultura, a pecuária também teve de fazer face a condicionalismos ligados à degradação dos recursos naturais. A pecuária sedentária é a forma de exploração mais comum desde os anos 1990. Há 30 anos, a pecuária sedentária representava mais de 95% da amostra inquirida.

Quanto aos que praticam simultaneamente uma pecuária sedentária e transumante, há 30 anos representavam mais de 32% da amostra, ao passo que atualmente representam menos de 10% (Figura 4). Esta situação está ligada não só à degradação dos recursos, que conduziu a uma diminuição da produção de forragens, e à pobreza, que levou as pessoas a venderem os seus animais, poupando apenas alguns pequenos ruminantes, mas também à insegurança, que dificulta a mobilidade das pessoas e dos seus bens. A figura 5 mostra que as zonas de criação dos animais são os planaltos e os campos que rodeiam as aldeias, embora uma minoria de pessoas diga que os seus animais vão para longe. para pastar. Isto também pode ser justificado pela afirmação feita pelos inquiridos de que "Nesta localidade, as espécies animais mais importantes são os caprinos, ovinos e bovinos. Isto porque estes animais são os mais fáceis de criar e vender para satisfazer certas necessidades básicas".

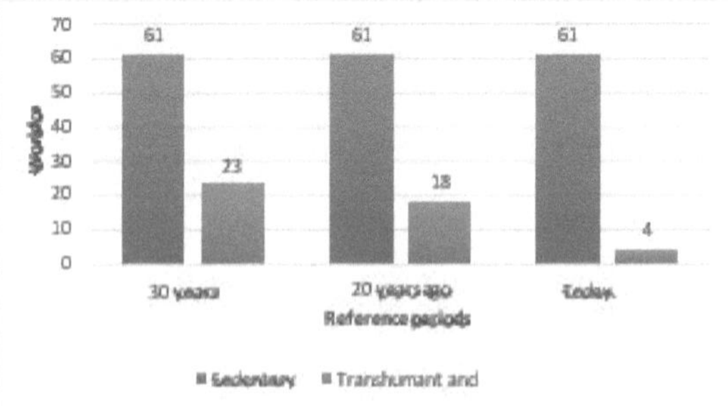

Figura 4: Tipos de criação de gado praticados na área de estudo, Fonte: inquérito de campo

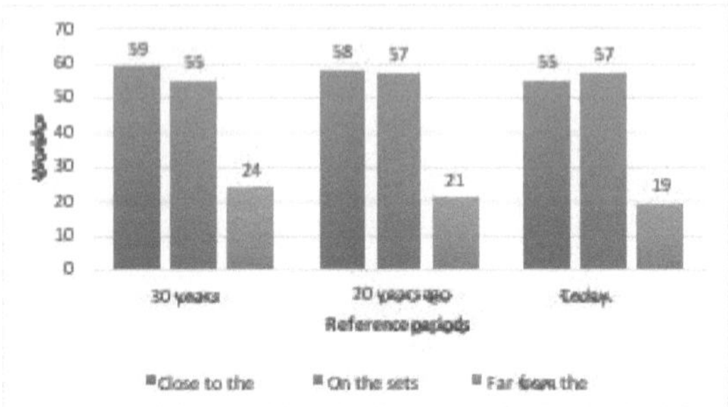

Figura 5: Áreas de pastagem na área de estudo, Fonte: inquérito de campo

Os subprodutos produzidos pela população local são principalmente o estrume, o leite, o queijo e o couro.

2.2.1.1.3. Caça

A caça é menos frequente nesta zona. A figura 6 mostra que, das 62 pessoas inquiridas, apenas uma declarou caçar, o que acontece há 30 anos.

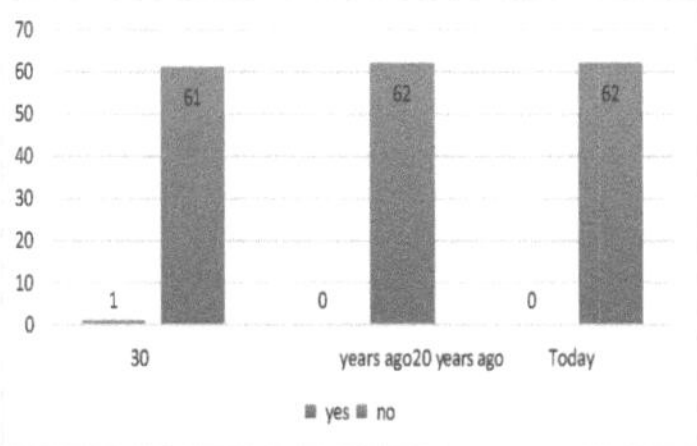

Figura 6: Práticas de caça na zona de Fandou Mayaki, Fonte: inquérito no terreno

No entanto, de acordo com as pessoas entrevistadas, há 30 anos atrás, esta área albergava várias espécies de animais selvagens, como a gazela, o javali, a lebre, o esquilo, a hiena, o chacal, a galinha-d'angola, a perdiz e o lobo. No entanto, a maioria destas espécies desapareceu nos últimos anos, segundo os inquiridos, com exceção de algumas, como a perdiz, a lebre, o esquilo e a pintada, que também são raras. Este facto deve-se ao desaparecimento do coberto vegetal que servia de habitat a estes animais.

2.2.1.1.4. Colheita

A apanha é a terceira atividade praticada por esta população como um serviço oferecido pela natureza. A apanha era outrora uma prática muito comum nas zonas rurais. Era a fonte de alimentação dos nossos antepassados. Mas esta atividade está a desaparecer de dia para dia. Nesta localidade, apenas algumas pessoas afirmam colher. As principais plantas colhidas pela população local são Annona senegalensis, Balanites aegyptiaca, Boscia senegalensis, Detarium microcarpum, Grewia bicolor, Sclerocarya birrera, Ziziphus mauritiana, Piliostigma reticulatum, Cadaba farinosa, Cassia tora e outras. Os principais produtos colhidos destas plantas são os frutos e as folhas. Mas esta prática tende a desaparecer nos dias de hoje, dada a extinção gradual e descontrolada de certas espécies vegetais. Segundo as pessoas entrevistadas, este facto deve-se às secas recorrentes no Sahel desde os anos 80 e ao corte excessivo de madeira para fins domésticos. Isto mostra que os locais de recolha variam de um período para outro, como mostra a figura 7. Mostra que os que recolhem longe da aldeia estão a tornar-se mais numerosos, enquanto os que recolhem perto da aldeia estão a diminuir, embora a diminuição não seja significativa.

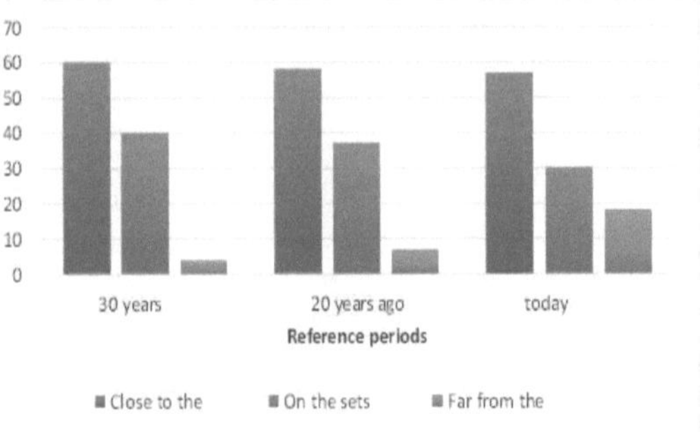

Figura 7: Locais de colheita por população na zona, Fonte: inquérito de campo

2.2.1.2. Recursos medicinais

No que diz respeito aos recursos medicinais, de acordo com a figura 8, 98% da população inquirida afirmou praticar a silvoterapia. A maioria dos praticantes afirma ter praticado esta atividade para tratar doenças como hemorróidas, dores abdominais ou de estômago, febre, úlceras e disenteria.

Na prática da silvoterapia, as espécies vegetais mais utilizadas pelos praticantes são : Annona senegalensis, Balanites aegyptiaca, Sclerocarya birrera, Ziziphus mauritiana, Piliostigma reticulatum, Bauhinia rufescens, Cassia sieberiana, Combretum glutinosum, Faidherbia albida, Khaya senegalensis, Prosopis africana e outras. Estas espécies vegetais são uma fonte de produtos farmacêuticos para as pessoas que vivem nas zonas rurais. No entanto, de acordo com a população local, esta prática está a ser abandonada devido ao desaparecimento de certas espécies e também devido aos avanços da medicina moderna.

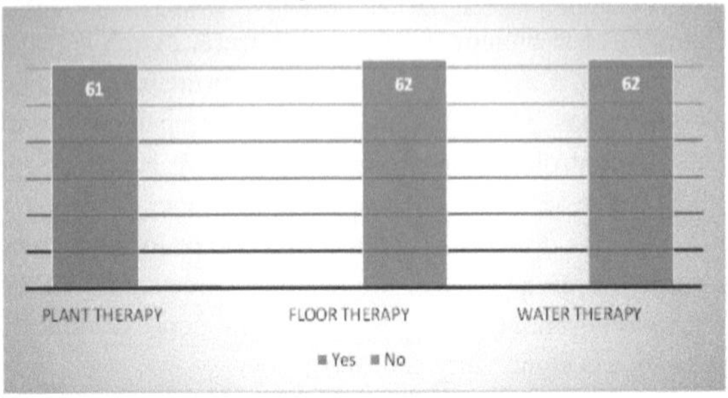

Figura 8: Utilização de recursos para terapia, Fonte: inquérito no terreno

Quanto à utilização de outros recursos como a água e o solo para tratamentos terapêuticos, todos os inquiridos afirmaram não ter praticado estas actividades.

2.2.1.3. Matérias-primas

2.2.1.3.1. Registo

Nas zonas rurais, a madeira desempenha um papel muito importante e é utilizada por quase toda a população. Nesta localidade, é utilizada por 100% da população inquirida. Segundo os inquiridos, esta madeira é utilizada em primeiro lugar para cozinhar (energia) e depois para outras actividades como a construção de casas, barracões, celeiros e cercas para aqueles que não têm meios para erguer uma parede. Nesta região, a madeira é utilizada de forma intensiva porque é a principal fonte de muitas actividades rurais.

Uma grande parte da amostra recolhe as suas amostras nos planaltos e nas zonas circundantes. No entanto, outras pessoas consideram os campos como as suas principais zonas de colheita. Isto pode ser explicado pelo facto de só nos planaltos conseguirem obter madeira para construir barracões, celeiros e cercas, enquanto nos campos só conseguem encontrar madeira para cozinhar.

2.2.1.3.2. Caules de cultivo e zonas de colheita

Os caules das culturas e a madeira são também utilizados pela população local para diversas actividades. Estas actividades envolvem principalmente a construção de barracas, cercas, chuveiros, armazéns de cereais, etc. Nos últimos anos, têm também sido utilizados como forragem para o gado, devido à escassez de outras espécies forrageiras consumidas pelos animais. Outros também os colhem para venda, para satisfazer certas necessidades sociais. As principais áreas onde estes caules são colhidos são os campos. Esta prática torna os campos vulneráveis a qualquer processo de degradação, uma vez que os caules ajudam a combater a erosão eólica e hídrica e servem também para reter certos elementos que fertilizam o solo.

2.2.1.3.3. Peles de animais

Nesta localidade, desde há 30 anos, as peles de animais são vendidas pela maioria da população. Havia, no entanto, algumas pessoas que as utilizavam como tapetes de oração e sapatos, mas esta prática tende a desaparecer. Esta situação é justificada pelo facto de a população local praticar principalmente a agricultura e considerar que este tipo de atividade é reservado exclusivamente aos Tuaregues.

2.2.2. Serviços culturais

Os serviços culturais não estão incluídos nos serviços prestados pelos recursos naturais, mas fazem parte dos serviços ecossistémicos. As diferentes figuras (Figura 9) mostram que 100% da população inquirida respondeu que não existem locais de culto na zona de Fandou Mayaki. Quanto aos locais de recreio, 60% responderam que existem efetivamente locais de recreio, contra 40%. Quanto aos emblemas, 92% confirmaram que a população desta localidade não tinha emblemas, enquanto 8% afirmaram que existiam símbolos pelos quais a população desta localidade era identificada. Estes números mostram também que os serviços culturais, tal como outros serviços, estão a perder o seu antigo valor.

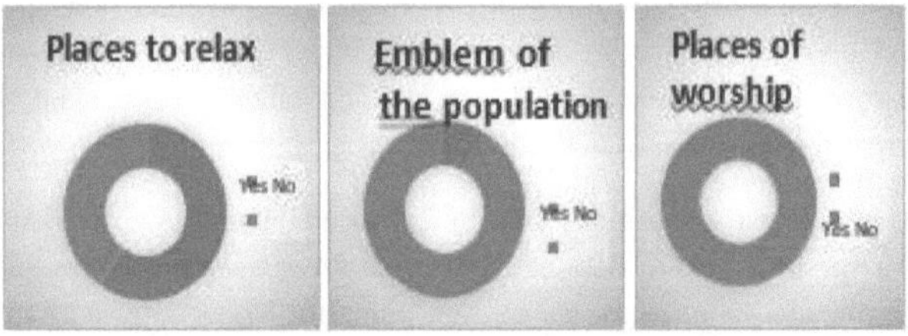

Figura 9: Serviços culturais identificados na localidade de Fandou Mayaki, Fonte: inquérito no terreno

2.2.3. Serviços de apoio

Os serviços de apoio ou de auto-manutenção identificados na área de estudo limitam-se essencialmente a espaços preservados para animais e plantas. Estas áreas são de importância vital para a manutenção da biodiversidade e preservação dos ecossistemas. Infelizmente, porém, como mostram as figuras 10 e 11, a maioria dos inquiridos afirmou que estas áreas já não estão a ser conservadas. De facto, no que diz respeito aos espaços reservados aos animais, menos de 10 pessoas responderam que sim, que este tipo de espaço existia desde 1990 até aos dias de hoje, e que se localizava ao nível das massas de água e de certas passagens que estão agora a ser mordiscadas pelos agricultores, ou mesmo desaparecidas, enquanto mais de 80% disseram o contrário. Quanto aos espaços reservados às plantas, entre 1990 e 2000, menos de 5 pessoas afirmaram que estes espaços existiam, ao passo que atualmente estes espaços já não existem nesta localidade (Figura 11).

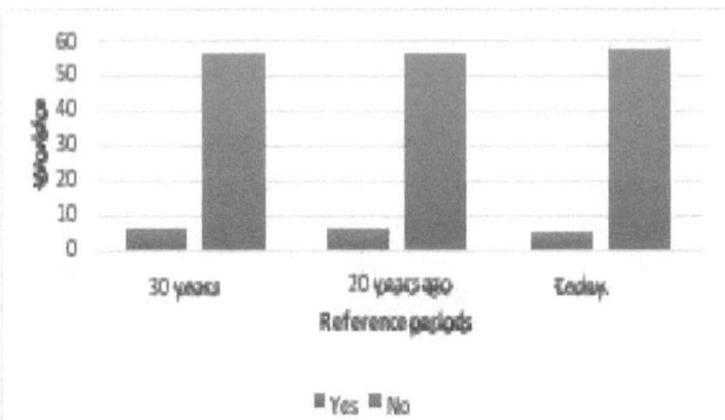

Figura 10: Espaços reservados aos animais, fonte: inquérito no terreno

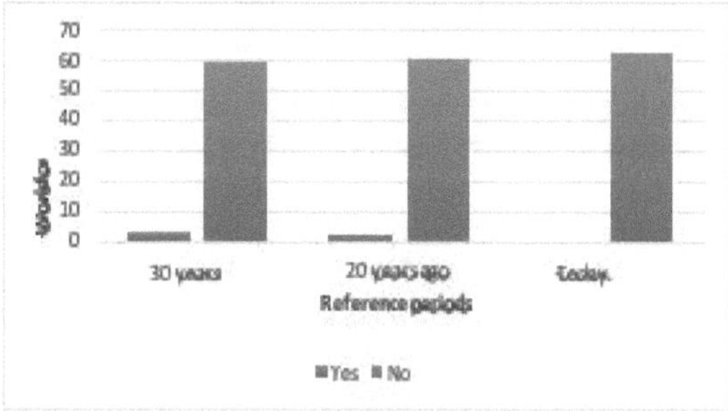

Figura 11: Espaços reservados às plantas, fonte: inquérito no local

CONCLUSÃO DO CAPÍTULO

Tendo em conta o que precede, este capítulo mostra que a degradação dos solos está a progredir significativamente na zona de Fandou Mayaki. A degradação varia de baixa a muito alta, com quase metade da área de terra moderadamente degradada, enquanto as áreas fortemente a muito fortemente degradadas também ocupam uma grande proporção da área de terra. Esta degradação dos solos teve um impacto na prestação de serviços ecossistémicos. Consequentemente, observou-se uma variação cada vez mais espetacular no acesso e na utilização dos recursos, bem como na prática de certas actividades.

CAPÍTULO 3

FACTORES BIOFÍSICOS E SÓCIO-DEMOGRÁFICOS DA DEGRADAÇÃO DAS TERRAS E DOS SERVIÇOS ECOSSISTÉMICOS NO TERROIR DE FANDOU MAYAKI

Este capítulo examina os factores biofísicos e depois os factores sócio-demográficos da degradação da terra e dos serviços ecosistémicos através da análise de dados climáticos, dados granulométricos, dados de inquéritos e mapas de uso da terra.

3.1. FACTORES BIOFÍSICOS

Os factores biofísicos que degradam a terra e os serviços ecossistémicos são de vários tipos, dos quais os mais notáveis na região saheliana são o clima e a natureza dos próprios solos. Para o efeito, os dados climáticos e granulométricos específicos da zona de estudo são tratados, analisados e interpretados.

3.1.1. Análise dos dados climáticos do departamento de Filingué

Esta secção apresenta as caraterísticas climáticas da estação de Filingué através da análise de parâmetros como a precipitação, a temperatura e o vento. Estes parâmetros permitirão determinar o efeito do clima sobre os recursos naturais e os serviços ecossistémicos que estes fornecem ao homem. No entanto, a falta de dados sobre a temperatura e o vento faz com que tenhamos que nos contentar apenas com o parâmetro da precipitação.

3.1.1.1 Análise dos dados de precipitação da estação de Filingué de 1988 a 2018

Segundo a Organização Meteorológica Mundial, para determinar a mudança de clima num determinado ambiente, são necessários pelo menos trinta (30) anos de dados climáticos sobre esse ambiente. Assim, é importante ter em conta esta recomendação aquando da escolha das séries de dados a tratar, tendo em conta os dados disponíveis. Os dados recentes registados pela Direção Departamental da Agricultura de Filingué (DDA/Filingué) na estação de Filingué estão disponíveis de 1988 a 2018. A análise destes dados mostra que o regime pluviométrico desta estação é extremamente variável. A análise dos resultados do índice de Lamb mostra uma diferença significativa entre o índice alto de 2,14 mm em 1994 e o índice baixo de menos de 1,92 mm em 1993. A figura 12 mostra que o período é caracterizado por uma alternância de anos excedentários e deficitários. Esta figura divide a série em três (3) períodos: o primeiro período (1988-1998) é marcado por uma flutuação espetacular da precipitação, que é mais ou menos constante de ano para ano. Este facto é visível na sucessão de anos deficitários e excedentários, com sete anos deficitários e três anos excedentários. Apesar dos picos observados nesta década em 1994, podemos deduzir que é a mais seca da série, uma vez que os anos secos superam largamente os anos húmidos. Esta situação resulta, portanto, num défice de precipitação nesta estação durante esta década. O segundo período (1999-2010) é caracterizado por uma grande variabilidade de anos deficitários e excedentários, com predominância de anos excedentários. Isto sugere que este período é relativamente húmido em comparação com o anterior, uma vez que oito dos doze anos são húmidos, com um pico de 1,30 mm em 2001, o terceiro ano mais húmido da série. O último período (2011-2018) é igualmente marcado por uma sucessão de anos excedentários e deficitários, com 5 anos excedentários em 8. Trata-se do período mais húmido do episódio, pois, tal como no período anterior, os anos húmidos superam largamente os anos secos. Este período inclui também o segundo ano mais húmido da série, 2016, depois de 1994. Consequentemente, os anos de 1993, 2000, 2009 e 2011 são os anos de défice mais grave do episódio. Enquanto que 1994, 2001 e 2016 foram os anos com os excedentes mais elevados. O gráfico mostra igualmente que a tendência da precipitação nesta série é ascendente.

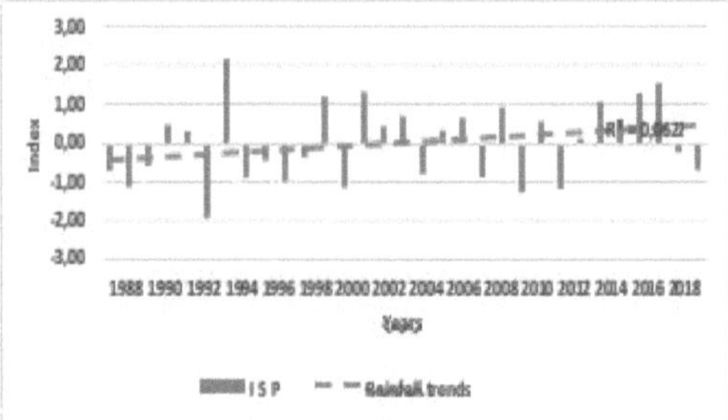

Figura 12: Variação da precipitação na estação de Filingué de 1988 a 2018 de acordo com o índice de anomalia de Cordeiro, Fonte: **DDA/ Filingué**

O índice pluviométrico revela uma grande variabilidade do regime pluviométrico no distrito de Filingué, apesar de uma retoma das chuvas a partir de 2005, como mostra a figura 13. Esta variação interanual da pluviosidade tem consequências diretas no balanço hídrico e acentua igualmente certos riscos climáticos observados no departamento. A figura 13 mostra igualmente que existe uma variação interanual dos dias de chuva nesta estação. O gráfico mostra que 1994, 2003 e 2010 foram os anos em que se registaram vários dias de chuva. É certo que foram anos excedentários em termos de precipitação, mas não justificam as variações de precipitação observadas no índice. O ano mais chuvoso, 1994, registou apenas 35 dias de chuva, enquanto o ano de 2003, que registou o maior número de dias de chuva (36), nem sequer figura entre os cinco anos mais chuvosos. Em contraste com os anos anteriores, este valor mostra uma tendência decrescente no número de dias, enquanto a precipitação na zona aumentou. Este facto sugere que o aumento da precipitação não se deve ao número de dias de chuva, mas ao aumento da intensidade da precipitação. E isto tem repercussões indirectas na degradação dos solos através da erosão hídrica.

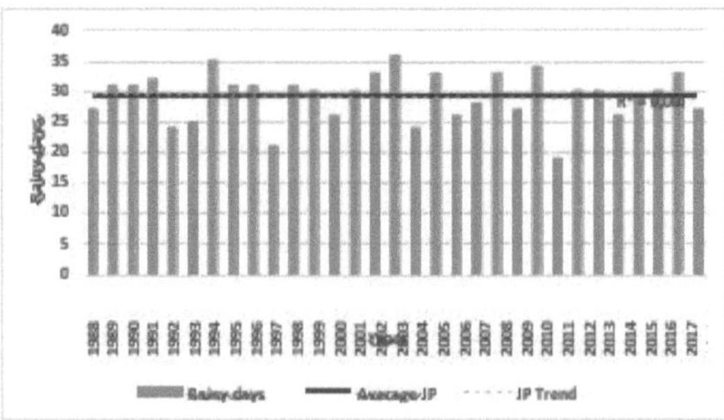

Figura 13: Número de dias de chuva por ano na estação de Filingué de 1988 a 2018, Fonte: DDA/ Filingué

Apesar da falta de dados sobre outros parâmetros climáticos, a análise dos dados pluviométricos relativos a este departamento sugere que o clima está sujeito a variações cada vez mais recorrentes, o que conduz frequentemente ao ressurgimento de certos fenómenos. De acordo com vários inquiridos, as secas recorrentes, especialmente durante os anos 80, levaram ao desaparecimento da vegetação nos planaltos.

O desaparecimento do coberto vegetal levou ao aparecimento de certos riscos climáticos, que provocaram alterações sociais e ambientais. Estes riscos podem ser resumidos em secas durante a estação das chuvas e, por vezes, em inundações, ligadas a uma pluviosidade insuficiente ou não disponível. Nos últimos anos, estes riscos conduziram à erosão hídrica e eólica, que teve um impacto negativo na produção agrícola e forrageira da localidade. A figura 15 ilustra claramente esta ideia, uma vez que todas as 62 pessoas inquiridas responderam que os riscos climáticos que observam atualmente são a erosão e as inundações, e 58 pessoas disseram que a seca durante a estação das chuvas e o início tardio da estação das chuvas são os riscos que enfrentam atualmente. Enquanto que há 30 anos, na década de 1990, os riscos climáticos identificados nesta localidade eram a precipitação excessiva, o frio extremo e o calor elevado.

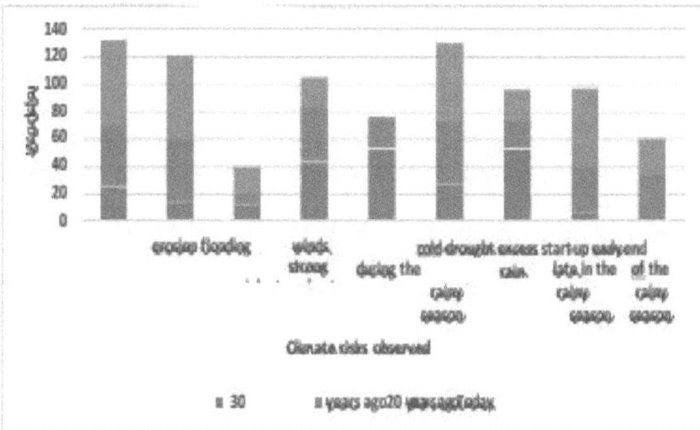

Figura 14: Riscos climáticos observados pelos agricultores na zona de Fandou Mayaki de 1990 a 2020, Fonte: inquérito no terreno

Estes riscos estão na origem da degradação dos solos e das condições de vida das populações locais. Como mostra a figura 15, de uma amostra de 62 inquiridos, mais de 50 afirmaram que os riscos climáticos têm efeitos graves sobre os solos, que destroem, bem como sobre a produção agrícola e forrageira, e que provocam doenças que comprometem a vida de uma população que já vive na pobreza.

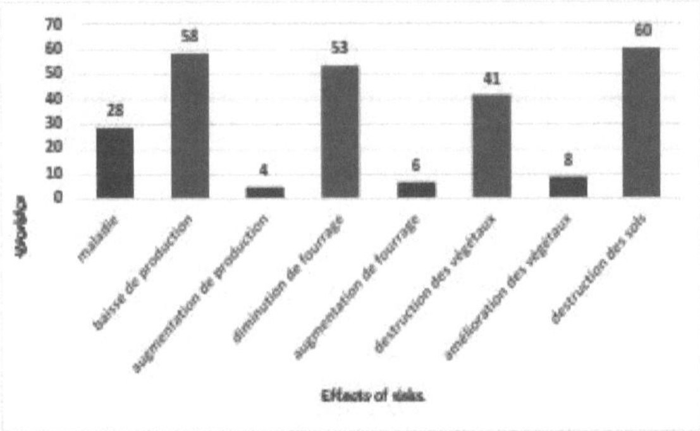

Figura 15: Efeitos dos riscos climáticos na população local e no ambiente de Fandou Mayaki, Fonte: inquérito no terreno

A degradação das terras pode também ser justificada pela análise dos dados granulométricos, que determinarão a textura dos solos desta localidade e a sua suscetibilidade à erosão.

3.1.2. Caraterísticas texturais dos solos do terroir de Fandou Mayaki A análise granulométrica é utilizada para determinar quantitativamente a distribuição das partículas do solo por classe de diâmetro. Trata-se da interpretação de histogramas e curvas.

as frequências acumuladas construídas a partir dos rejeitados retidos pelos diferentes crivos e as percentagens das classes granulométricas. Por fim, permite classificar os solos das diferentes unidades geomorfológicas em função da sua composição textural e do seu comportamento face aos agentes erosivos. Para o efeito, a mediana foi determinada a partir das curvas cumulativas e os índices granulométricos (classificação dos grãos e índice de assimetria) foram calculados segundo as fórmulas de P. TRASK, (1932), R. FOLK e W. WARD, (1957) com base em quartis e percentis. A mediana representa o tamanho correspondente a 50% dos grãos determinados diretamente na curva cumulativa; o índice de classificação (So) fornece informações sobre a hidrodinâmica durante a deposição dos sedimentos. O índice de classificação (So) fornece informações sobre a hidrodinâmica durante a deposição dos sedimentos. Indica igualmente a qualidade da classificação; quanto mais baixo for, melhor é a classificação dos sedimentos e o índice de assimetria (Ski) reflecte o grau de assimetria da curva de distribuição em relação à mediana. Este parâmetro fornece informações sobre o enriquecimento em partículas grossas (assimetria negativa), o enriquecimento em partículas finas mal classificadas (assimetria positiva) ou se há simetria (M. TOSSOU EDJROGAN et al. 2019). No entanto, referindo-se à classificação granulométrica de K. WENTWORTH, (1922), resulta desta análise que, as amostras de areias recolhidas no terroir de Fandou Mayaki são constituídas por seis classes: areia muito grossa; areia grossa; areia média; areia fina; areia muito fina e silte. A composição granulométrica destas classes difere de uma unidade para outra.

***3.1.2.1.* Caraterísticas dos solos das encostas dos planaltos**

Destas unidades, apenas uma amostra foi recolhida na mata do tigre no planalto sul. As outras zonas não foram amostradas devido à sua textura rochosa, como mostra a foto 6.

Foto 6: Encostas nuas dos planaltos de Kouboutché (A) e Gorma (B)

A análise da amostra recolhida no reverso do planalto meridional (T2) mostra que a sua classe granulométrica é essencialmente constituída por partículas grossas, que representam 61,40% da amostra, com predominância de areia muito fina (17,90%) e areia muito grossa (12,80%). As partículas muito finas representam 38,60%. Esta grande quantidade de partículas grossas em relação às partículas muito finas mostra que os solos desta unidade são menos valiosos do ponto de vista da produção vegetal e das culturas.

O histograma de frequência relativa desta amostra (Figura 16) mostra que é unimodal no peneiro de 0,063 mm, o que explica que o processo de deposição das partículas seja efectuado por um único agente de transporte. A curva de frequência acumulada é parabólica, com um aumento espetacular de 8% para mais de 60%.

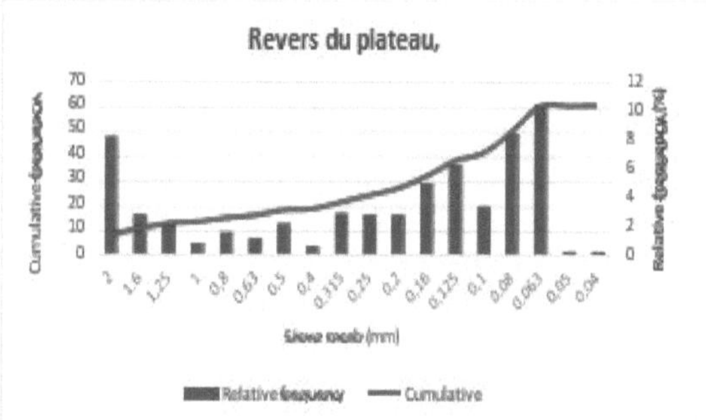

Figura 16: Curvas de frequência acumulada e relativa para os solos do reverso do planalto meridional

3.1.2.2. As caraterísticas dos solos de Piemonte

Foram recolhidas duas amostras no sopé das montanhas. As caraterísticas dos solos destas amostras são as seguintes: A análise dos solos recolhidos no sopé (T1) revela que 54,2% são constituídos por partículas muito finas inferiores a 0,04 mm e que as partículas grossas entre 0,04 mm e 2 mm representam 45,8%, com predominância de areias finas e médias, que representam 17,20% e 14,60% das partículas grossas. As partículas finas representam 7,60%

da amostra. Esta predominância de partículas muito finas em relação às partículas grossas sugere que a qualidade do solo neste local é apreciável. O histograma de frequências relativas para esta amostra (Figura 17) mostra dois modos, o primário igual a 0,8 mm e o secundário 0,63 mm, o que explica a existência de dois tipos de depósitos provenientes de agentes diferentes.

A composição granulométrica do segundo sopé (T2) é semelhante à do reverso do planalto, pois é também predominantemente constituída por fracções grosseiras, que ocupam 92,40% da amostra. Nelas predominam as areias finas (29,60%) e as areias muito finas (29%). Por outro lado, as partículas muito finas são menos importantes, representando apenas 7,60% da totalidade da amostra.

Isto implica que esta unidade tem as mesmas caraterísticas apreciáveis que a unidade do reverso do planalto. A leitura do seu histograma de frequências relativas (Figura 17) mostra que é multimodal, com o modo principal observado no peneiro de 0,08 mm. Este facto sugere que os sedimentos são depositados a este nível quer por um único agente de transporte que actua sob várias formas, quer por vários agentes que actuam de forma diferente.

As curvas de frequência acumulada para estas unidades têm a mesma forma que a unidade de planalto invertido. Caracterizam-se por uma forma parabólica que vai de 0,1% a 45,2% para a curva do piemonte1 e de 1,3% a 91,6% para o segundo piemonte.

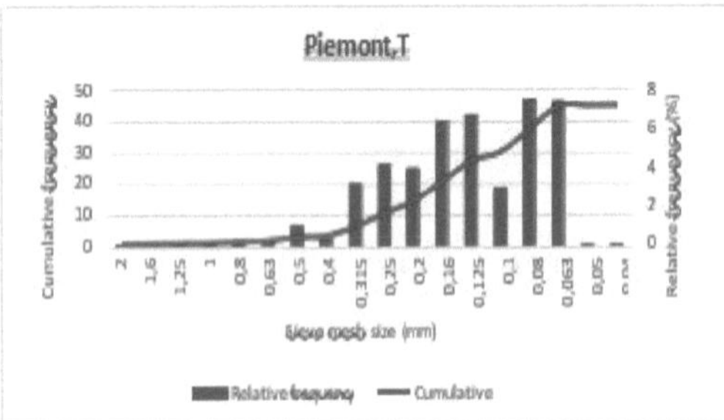

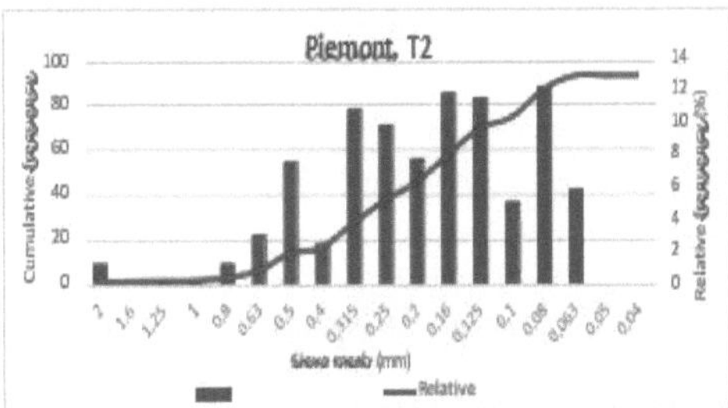

Figura 17: Curvas de frequência acumulada e relativa para solos amostrados nas unidades de sopé

3.1.2.3. Caraterísticas dos solos glaciares

Foram recolhidas quatro amostras das unidades glaciais, duas da glaciar do transecto 1 e duas da glaciar do transecto 2. Os dados granulométricos da amostra de solo do glacis a montante do transecto 1 mostram que as partículas grossas superiores a 0,04 mm dominam sobre as partículas muito finas inferiores a 0,04 mm. Estas partículas grossas representam 88,7% da amostra, sendo as partículas mais dominantes a areia muito fina (49,60%), a areia fina (18,30%) e o silte (11,30%). As partículas muito finas representam 11,30% da amostra. A predominância de partículas grossas nesta unidade sugere que os seus solos são menos férteis do que os da unidade anterior. A Figura 18 também mostra que o histograma de frequência relativa para esta amostra é unimodal na peneira de 0,08 mm. Isto implica que o processo de deposição é causado por um único agente de transporte que actua exponencialmente. A curva de frequência acumulada para esta unidade varia de 0% a 87,7% com uma forma parabólica degradada. Para a unidade glaciar de jusante, a amostra recolhida neste local é maioritariamente composta por partículas grosseiras, que ocupam 94,4% da amostra, com predominância de areia fina (34,6%) e areia média (30,20%). As partículas finas nesta amostra são menos significativas com apenas 3,70%. Quanto aos elementos muito finos, ocupam apenas 5,6% da totalidade da amostra. Esta discrepância exorbitante entre a composição textural desta amostra mostra que ela é muito arenosa e, tal como a amostra anterior, tem um carácter menos apreciável. O histograma de frequências relativas da Figura 18 indica que nesta unidade (glacis de jusante) o processo de deposição é efectuado por um único agente de transporte, uma vez que também é unimodal como a unidade anterior, cujo modo se observa no peneiro de 0,315 mm. A sua curva de frequência acumulada, de forma convexa, varia entre 0,2% e 92,9%.

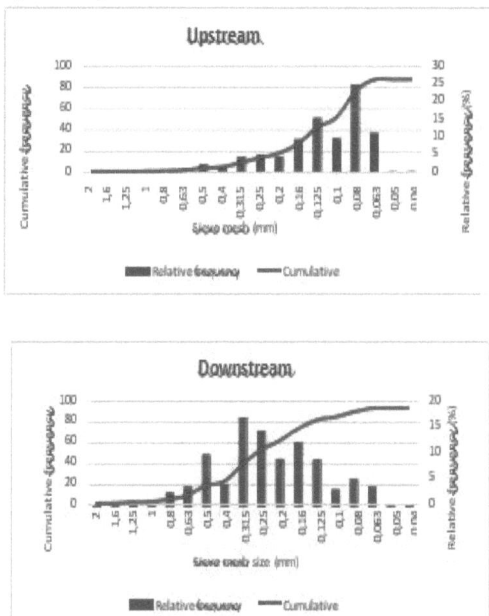

Figura 18: Curvas de frequência cumulativa e relativa para os solos amostrados no glaciar do transecto 1

Os glacis de montante e de jusante do transecto 2 constituem a segunda subunidade da unidade glaciar. A composição textural das amostras analisadas a estes níveis é predominantemente constituída por partículas moderadamente grosseiras, incluindo areias muito finas (34,10%) e areias médias (20%) para o glaciar de montante e 30% de areias finas e 26,70% de areias muito finas para o glaciar de jusante. As partículas finas de argila e silte representam 8,90% para a parte a montante e 7,20% para a parte a jusante, enquanto as partículas muito finas ocupam 8,8% e 10,9% das amostras. Esta estrutura granulométrica significa que a classe granulométrica desta unidade é essencialmente arenosa. Os histogramas das frequências relativas destas subunidades (Figura 19) mostram que cada uma delas tem um único modo, que se observa no peneiro de 0,08mm para a glacis de montante, e o da glacis de jusante se observa no diâmetro de 0,315mm. As curvas cumulativas apresentam a mesma forma, com uma variação de frequência que vai de 0,1% a 91,3% para o glaciar de montante e de 0,1% a 88,6% para o glaciar de jusante.

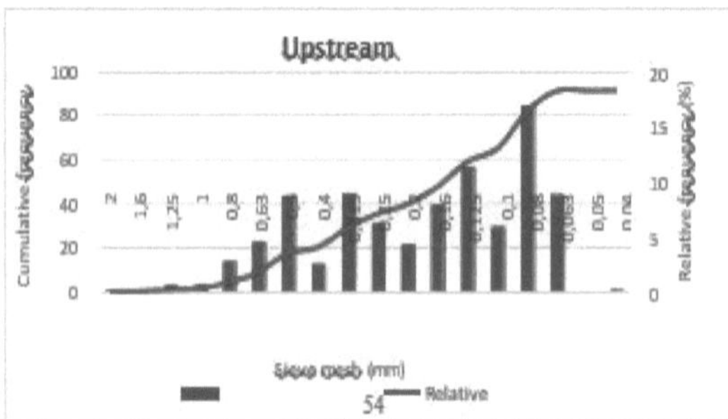

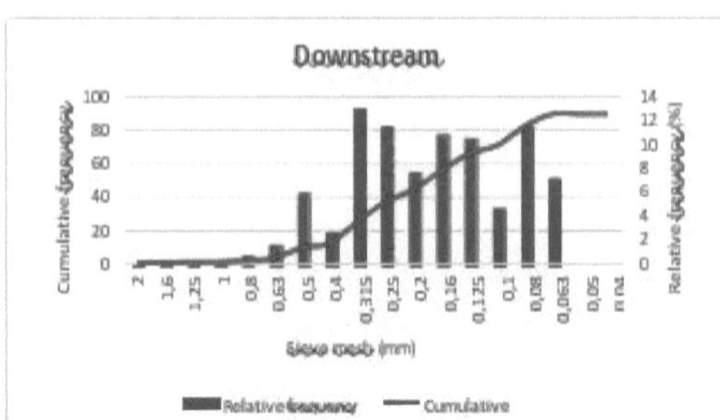

Figura 19: Curvas de frequência acumulada e relativa para os solos amostrados no glaciar do transecto 2

3.1.2.4. As caraterísticas dos solos de fundo de vale

As unidades de fundo de vale 1 e 2 apresentam caraterísticas granulométricas quase idênticas. Isto deve-se ao facto de ocuparem a mesma unidade geomorfológica e também ao seu grau de utilização quase idêntico. A classe textural mais dominante nestas amostras (fundo de vale 1 e 2) é a das partículas grosseiras, que representam 84,8% para a primeira amostra e 88,3% para a segunda. Estas areias grossas são constituídas por areias muito finas (32,30%) e areias finas (22,90%). 42% para a amostra do fundo do vale1 e 18,30% para a amostra do fundo do vale2. As fracções finas (silte) desempenham um papel importante, com 11,60% para o fundo de vale1 e 13,30% para o fundo de vale2ème . As partículas muito finas representam também uma parte importante, com 15,2% e 11,7% respetivamente. A leitura dos valores relativos a esta unidade (Figura 20) mostra que os histogramas de frequências relativas para estas unidades apresentam igualmente uma moda, cuja classe modal é observada ao nível do peneiro de 0,08 mm para ambas as amostras. Isto sugere que estas duas unidades são afectadas por um único agente de transporte que deposita sedimentos nestes locais. As curvas cumulativas, tal como para a unidade glaciar, apresentam a mesma forma com frequências que variam de 0,1% a 83% para o fundo do vale1 e de 0,1% a 87,1%.

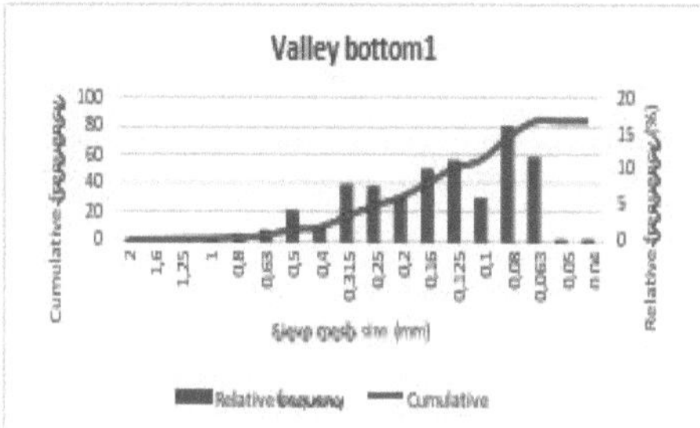

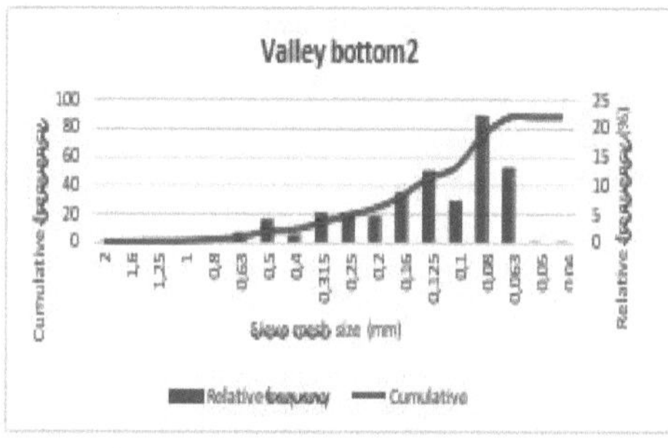

Figura 20: Curvas de frequência acumulada e relativa para solos amostrados no fundo do vale

3.1.2.5. Caraterísticas dos solos de planície

A unidade de planície representa a última unidade observada. Os solos desta unidade partilham as mesmas caraterísticas texturais que os do glaciar. A sua composição granular é constituída por areias finas e médias, que representam 36,40% e 35,40% da amostra recolhida. As partículas finas de silte são menos significativas nesta área, com 2,40%, assim como as partículas muito finas, que representam apenas 5%. Esta classificação granular leva-nos a concluir que esta unidade é composta maioritariamente por areia. Isto confere-lhe um carácter menos apreciável. O histograma de frequências relativas para esta unidade (Figura 21) mostra que o peneiro de 0,315 mm representa a única classe modal identificada a este nível. Este facto mostra que é o único agente de transporte e deposição de sedimentos nesta unidade. A curva cumulativa tem a mesma forma que a do glaciar de jusante do transecto. Varia de 0% na peneira de 2mm a 93,9% na peneira de 0,04mm.

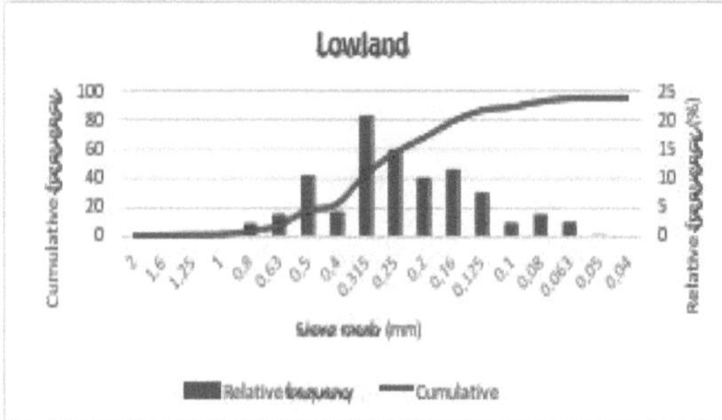

Figura 21: Curvas de frequência acumulada e relativa para solos amostrados nas terras baixas

A análise destas diferentes amostras mostra que a curva de frequência acumulada no reverso do planalto tem uma forma linear relacionada, enquanto que as das outras unidades são parabólicas e degradadas. Esta diferença na forma das curvas sugere que o processo de deposição é caracterizado pela heterogeneidade dos agentes de transporte entre estas diferentes unidades. Assim, a forma linear relacionada reflecte sedimentos que estão em processo de formação por desagregação de rochas, e que não sofreram qualquer transporte. Corresponde também a histogramas multimodais e curvas cumulativas de fácies lineares ou relacionadas. A forma parabólica degradada indica uma inflexão pronunciada no lado das fracções grosseiras e uma inflexão simétrica no lado das extremidades finas. Isto reflecte a presença de materiais com distribuições unimodais e bimodais. Além disso, a análise da composição física das amostras de solo destas unidades de paisagem mostra que estes solos têm caraterísticas particulares entre si e actuam de forma diferente em relação à erosão, dependendo da sua composição textural. De facto, os resultados desta análise mostram que a subunidade piemonte1 tem uma composição textural do solo muito apreciável, uma vez que é composta principalmente por partículas finas. Esta proporção elevada de elementos finos permite que o solo desta unidade seja estável mas sensível à erosão. Além disso, torna a estrutura do solo muito compacta, reduzindo assim a infiltração que favorece a regeneração das plantas. Esta situação conduz a uma perda de vegetação, que protege o solo contra certos riscos e que também retém os seus elementos quando os agentes erosivos actuam. Este facto é confirmado pelas afirmações dos inquiridos: "As formações vegetais que existiam nesta localidade há 30 anos atrás lutavam contra os riscos climáticos como a erosão, as inundações e os ventos violentos, embora fossem abaladas pelas secas. Os riscos acima referidos não eram de todo sentidos nesta zona há 30 anos, mas nos últimos anos são os riscos mais ameaçadores". Isto mostra que as formações vegetais presentes atualmente já não são capazes de contrariar estes riscos, que são cada vez mais recorrentes. No entanto, continuam a desempenhar um papel importante na atenuação dos ventos violentos e das temperaturas elevadas. Em contrapartida, as outras unidades caracterizam-se por uma predominância de partículas grosseiras, que representam mais de 80% das amostras. Esta presença considerável de partículas grossas indica que os solos destas unidades têm uma estrutura macroporosa, o que favorece muito a infiltração da água e o desenvolvimento das plantas, reduzindo assim a força dos agentes erosivos. No entanto, continuam sensíveis à erosão mecânica causada pelo uso de implementos agrícolas. A foto 7 mostra as duas situações descritas acima.

A

B

Foto 7: Campo arável ameaçado pela incrustação (A) e pousio replantado com formação de nebkas (B)

Além disso, a análise da composição física das amostras de solo mostra que estes solos têm caraterísticas texturais quase semelhantes entre si, uma vez que são predominantemente constituídos por mais de 50% de areia, exceto no reverso do planalto e no sopél , onde as partículas finas dominam a amostra. Como já foi referido, esta predominância de partículas arenosas favorece a infiltração da água, facilitando a germinação das plantas e a resistência das culturas aos períodos de seca durante a estação das chuvas.

Apesar disso, os resultados do cálculo dos índices, conforme apresentado na Tabela 6, mostram que os solos dessas unidades podem atuar de forma diferenciada frente aos agentes erosivos.

Quadro 6: Síntese das caraterísticas dos solos amostrados nas unidades do terroir Fandou Mayaki, Fonte: nosso estudo

Unidades	Modos	Esqui	Assim	Comentários
Verso do tabuleiro	0,063	0,8	0,3	Um único agente de transporte: o vento. As partículas são bem classificadas e altamente assimétricas em relação às partículas finas.
Piemonte	0,08 ; 0,63	0,8	0,3	Dois agentes de transporte: água e vento, as partículas são bem classificadas e altamente assimétricas em relação às partículas finas
Glacis a montante	0,08	0,8	0,3	Um agente de transporte: água, as partículas são bem classificadas e muito assimétricas em relação às partículas finas
Glacis a jusante	0,08 ; 0,315	0,8	0,32 ; 0,3	Dois agentes de transporte: água e vento, as partículas são bem classificadas e altamente assimétricas em relação às partículas finas
Fundo de vale	0,08	0,8	0,3	Um agente de transporte: água, as partículas são bem classificadas e altamente assimétricas em relação às partículas finas
Terras baixas	0,315	0,8	0,3	Um agente de transporte: água, as partículas são bem classificadas e altamente assimétricas em relação às partículas finas

Esta hipótese foi confirmada pela observação no terreno, que mostrou que os factores mais dominantes eram a erosão hídrica e eólica, como mostra a foto 8.

A B

C **D**

A: abatimento de margens ao nível do sopé da encosta; **B**: erosão de ravinas ao nível do sopé da encosta; **C**: campo arável ameaçado de esvaziamento ao nível dos glaciares a jusante; **D**: pousio ameaçado de esvaziamento ao nível dos glaciares a montante. **Foto 8:** Tipos de degradação identificados nas diferentes unidades geomorfológicas

Uma análise comparativa da análise granulométrica acima referida mostra que todas as curvas granulométricas apresentam uma predominância de fracções entre 0,063 mm e 1 mm. Estas fracções são constituídas por areias muito finas, areias finas e areias médias. Além disso, os vários índices calculados mostram que estes solos têm caraterísticas semelhantes em termos de classificação granular e de assimetria. Quanto às classes modais determinadas, estas mostram que a maioria das amostras são unimodais e têm quase todas as mesmas classes modais, ou seja, estão todas confrontadas com o mesmo fenómeno de transporte e deposição de sedimentos. Estas várias semelhanças sugerem que os solos amostrados nas diferentes unidades, em particular, e os do terroir, em geral, enfrentam os mesmos tipos de degradação causados pelo mesmo fator, ou seja, a erosão. Esta erosão está ligada não só à variabilidade climática mas também à atividade humana.

3.2. FACTORES SOCIODEMOGRÁFICOS

Durante várias décadas, o crescimento galopante da população foi classificado por muitos investigadores como um fator de degradação dos recursos naturais. No entanto, o crescimento demográfico não é em si um fator de degradação dos recursos, mas é a utilização que a população faz do recurso que determina se este se está a degradar ou não. Nesta secção, começamos por demonstrar os modos de utilização e de gestão do solo adoptados pela população local e, em seguida, analisamos as consequências desta utilização nas diferentes unidades de utilização do solo através da análise dos mapas de utilização do solo.

3.2.1. Utilização e gestão das terras no terroir de Fandou Mayaki

Para satisfazer as suas necessidades básicas, a população local desenvolveu actividades como a agricultura e a criação de gado. Em tempos, estas actividades eram tão promissoras que eram praticadas intensivamente. Mas, desde há algum tempo, os produtos destas actividades têm vindo a diminuir de forma exorbitante e já não rendem o que rendiam. Para compensar este défice, a população local tomou medidas corretivas, alargando a área cultivada, o que levou a uma limpeza descontrolada dos terrenos e à adoção de outras formas de criação de gado. A aplicação destas novas medidas conduziu a uma sobre-exploração crescente das terras, que se traduziu numa diminuição da fertilidade. Este facto, por sua vez, conduziu a uma diminuição da produção agrícola e forrageira. O quadro 7 apresenta a situação da produção agrícola de 1990 a 2020.

Quadro 7: Percepções dos agricultores sobre a produção agrícola de 1990 até ao presente, Fonte: inquérito no terreno

Produção (número de molhos)	Força de trabalho há 30 anos	Trabalhadores há 20 anos	Trabalhadores hoje	Frequências há 30 anos	Frequências há 20 anos	Frequências actuais
Sem resposta	1	1	0	1,60%	1,60%	0,00%
Menos 200 ou mais	24	38	51	38,70%	61,29%	82,30%
200 à 400	14	13	11	22,60%	20,98%	17,70%
400 à 600	8	6	0	12,90%	9,68%	0,00%
600 e mais	15	4	0	24,20%	6,45%	0,00%
Total	62	62	62	100%	100%	100%

Este quadro mostra que as populações desta zona estão a sofrer uma queda drástica na produção agrícola. Convertendo o número de cachos em quilogramas, ou seja, 10 cachos para 100kg, verificamos que o número de pessoas que produzem menos de 200 cachos, ou seja, 2000kg, o que corresponde a 2 toneladas, só aumentou de há 30 anos para os dias de hoje, passando de 24 para 51 pessoas, enquanto que o número das outras classes só diminuiu. Constatamos também que 80,30% dos inquiridos colheram menos de 200 cachos, ou seja, 2 toneladas, nos últimos dois anos, contra 38,70% há 30 anos. Por outro lado, os que produzem mais de 600 cachos (6 toneladas) passaram de 24,20% há 30 anos para 0% atualmente. Quanto ao declínio da produção de forragens, este é também justificado pelas opiniões dos inquiridos, que admitem que "há 30 anos, a alimentação do gado nesta localidade consistia principalmente em palha, forragem do ar e farelo. Mas, nos últimos anos, foram adicionados outros suplementos alimentares. Estes incluem resíduos de culturas (caules, resíduos de feijão, etc.), que são recolhidos e dados aos animais assim que a colheita termina. Isto, por sua vez, conduz à degradação das terras, uma vez que priva o solo dos elementos necessários não só para melhorar a matéria orgânica, mas também para o proteger da erosão. Perante esta situação, os agricultores viram-se obrigados a adotar outras alternativas. Estas estratégias consistem na adição de estrume orgânico e de resíduos domésticos aos campos, na utilização de fertilizantes químicos ou, para aqueles que dispõem de meios, na manutenção de gado nos campos como um contrato.

3.2.2. Análise das dinâmicas de ocupação do solo no terroir de Fandou Mayaki

O estudo das dinâmicas de ocupação do solo nesta zona baseou-se na análise de imagens de satélite para um período de 30 anos. Foram elaborados mapas para diferentes períodos, abrangendo 20 anos e 10 anos, ou seja, 1990, 2010 e 2020. Estes mapas mostram as mudanças que estão a ocorrer na área.

3.2.2.1. Alteração da utilização dos solos de 1990 a 2020

A interação entre o homem e a natureza fez com que, de 1990 a 2020, ou seja, em 30 anos, se verificasse uma certa evolução das classes de uso do solo do terroir de Fandou. Estas alterações podem ser observadas no quadro 8.

Quadro 8: Superfícies das unidades de utilização do solo em 1990, 2010 e 2020, Fonte: o nosso estudo

Classes de utilização do solo	Área de superfície (ha)			Área de superfície (%)		
	1990	2010	2020	1990	2010	2020
Matos degradados	57,6	15,03	58,41	0,37	0,10	0,38
Arbustos de tigre degradados	278,82	22,5	56,43	1,81	0,15	0,37
Arbustos regulares de tabby	195,84	-	-	1,27	-	-1,27
Formações ripícolas degradadas e formações ripícolas degradadas	208,35	123,93	100,53	1,35	0,80	0,65
FormaçõesFormação regular sobre as zonas ribeirinhas	65,61	89,55	13,14	0,43	0,58	0,09
Assentamentos humanos	66,69	162,63	255,87	0,43	1,06	1,66
Pousio	1665,72	672,12	1003,95	10,82	4,36	6,52
Lago	-	33,39	225,45	-	0,22	1,46
Superfícies nuas	1324,17	2017,8	1112,49	8,6	13,10	7,22
Terreno rochoso	1409,31	1479,06	1489,14	9,15	9,60	9,67
Áreas de cultivo	10127,79	10783,89	11084,49	65,77	70,03	71,98
TOTAL	15399,9	15399,9	15399,9	100	100	100

Este quadro mostra que as unidades de utilização do solo na zona de estudo variaram de dimensão ao longo dos 30 anos.

De facto, as superfícies de certas unidades modificaram-se progressivamente. Trata-se, nomeadamente, das superfícies cultivadas. Estas, que são as maiores unidades em termos de superfície, viram a sua superfície aumentar de 1990 a 2020, passando de 10127,79 ha em 1990 para 10783,89 ha em 2010 e atingindo 11084,49 ha em 2020, um aumento de 956,7 ha. Depois das superfícies cultivadas, vêm as superfícies rochosas, que são também unidades que registaram um aumento progressivo da sua superfície ao longo da série. As proporções destas unidades são estimadas em 1409,31 ha em 1990, 1479,06 ha em 2010 e 1489,14 ha em 2020. Para além das superfícies cultivadas e dos terrenos rochosos, os aglomerados humanos e as massas de água também viram a sua superfície evoluir durante este período. Os aglomerados humanos, que eram de 66,69 ha em 1990, passaram para 162,63 ha em 2010 e aumentarão para 255,87 ha em 2020. O mesmo se aplica às massas de água. Estas últimas, que nem sequer existiam em 1990, apareceram em 2010, quando a sua extensão é estimada em 33,3 ha, passando para 225,45 ha em 2020, o que representa um aumento de mais de 192 ha. Contrariamente às unidades anteriores, as superfícies das outras unidades variaram de forma progressiva e regressiva. Os pousios, que só ficam atrás das terras aráveis, registaram uma redução notável da sua superfície, sobretudo entre 1990 e 2010. Em 1990, os pousios eram estimados em 1.665,72 ha, ao passo que, em 2010, tinham diminuído para 672,12 ha, ou seja, uma redução de 993,6 ha. No entanto, entre 2010 e 2020, a superfície destas unidades aumentou, mas de forma menos significativa do que na situação anterior, passando de 672,12 ha para 1003,95 ha, uma variação de 331,83 ha. A superfície de terra nua foi estimada em 1324,17 ha em 1990, enquanto em 2010 esta mesma superfície foi estimada em 2017,8 ha, ou seja, um aumento de 693,63 ha, ao contrário de 2020 em que voltou a diminuir para 1112,49 ha, ou seja, uma diminuição de 905,31 ha entre 2010 e 2020. Tal como os pousios e as superfícies nuas, as outras unidades (matos degradados, matos de tigre degradados e formações ripícolas regulares) são as que mais se alteraram durante este período. A superfície das duas primeiras diminuiu entre 1990 e 2010, mas registou um ligeiro aumento entre 2010 e 2020, ao passo que o inverso aconteceu com as formações ripícolas regulares. As formações florestais ripícolas degradadas e os matagais regulares de tigre encontram-se na situação oposta. A floresta ripícola degradada, que em 1990 era de 208,35 ha, deverá ser de 100,53 ha em 2020, o que representa uma diminuição de mais de 100 ha. O mato regular de tigre, que existia em 1990, desapareceu completamente do sector entre 2010 e 2020. Esta análise revela que, das 11 unidades de uso do solo identificadas na zona de estudo, 4 unidades registaram um aumento progressivo da sua superfície. Enquanto 5 unidades registaram uma alteração progressiva e regressiva da sua superfície. No entanto, a situação de duas outras unidades restantes é mais crítica, pois uma viu a sua superfície diminuir de forma regressiva e a outra desapareceu completamente para dar lugar a outras unidades.

Este facto pode ser claramente observado nos mapas 6 e 7.

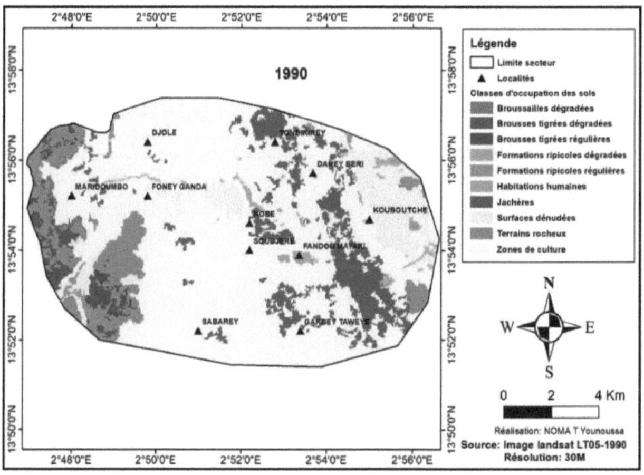

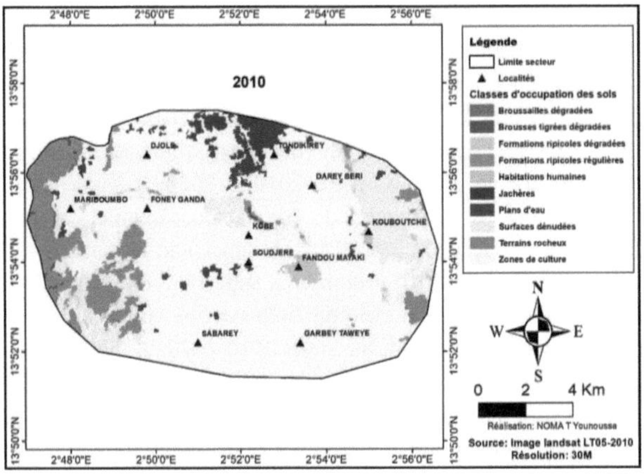

Mapa 6: Utilização do solo na zona de Fandou Mayaki em 1990 e 2010

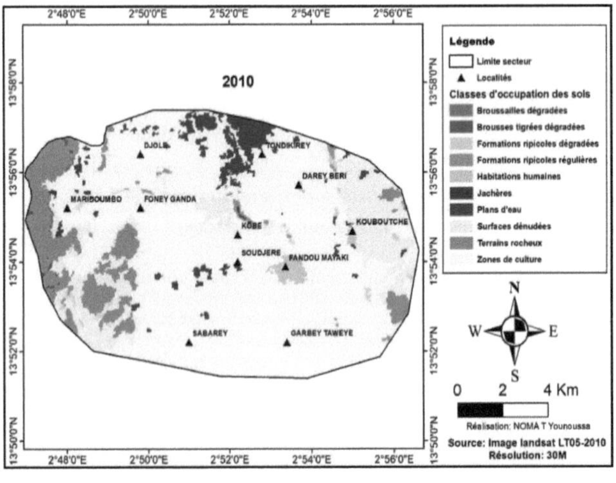

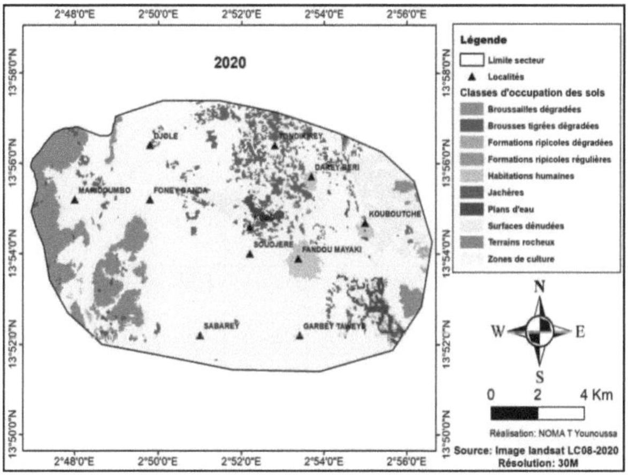

Mapa 7: Utilização do solo na zona de Fandou Mayaki em 2010 e 2020

3.2.2.2. Alterações na utilização do solo entre 1990 e 2020 A análise dos vários mapas mostra que a área de estudo sofreu uma dinâmica notável na utilização e ocupação do solo ao longo destas 3 décadas. Estas alterações afectaram principalmente as áreas cultivadas, as massas de água, os pousios e os matos regulares de tigre. Como se pode ver em 8ème

Entre 1990 e 2020, a superfície destas unidades diminuiu e aumentou significativamente. A superfície das áreas cultivadas aumentou mais de 6% e a das massas de água mais de 1%, em comparação com 0% em 1990. Em contrapartida, o mato regular e os pousios diminuíram mais de 1% para o primeiro e mais de 4% para o segundo. A área de habitação humana também aumentou mais de 1%, ao passo que a área de mata de tigre degradada e de terra nua também diminuiu mais de 1%. As alterações nas outras unidades de utilização dos solos são menos significativas, mas não são negligenciáveis, pois podem conduzir a uma degradação irreversível se continuarem ao mesmo ritmo.

Quadro 9: Alterações na utilização dos solos entre 1990 e 2020, fonte: o nosso estudo

Classes de utilização do solo	Área de superfície (%)		Variações (%)
	1990	2020	1990-2020
Matos degradados	0,37	0,38	+0,01
Arbustos de tigre degradados	1,81	0,37	-1,44
Arbustos regulares de tabby	1,27	0	-1,27
Formações ripícolas degradadas	1,35	0,65	-0,7
Formações ripícolas regulares	0,43	0,09	-0,34
Assentamentos humanos	0,43	1,66	+1,23
Pousio	10,82	6,52	-4,3
Lago	0	1,46	+1,46
Superfícies nuas	8,6	7,22	-1,38
Terreno rochoso	9,15	9,67	+0,52
Áreas de cultivo	65,77	71,98	+6,21

A Figura 22 mostra a dinâmica das unidades de uso do solo nesta localidade de 1990 a 2020.

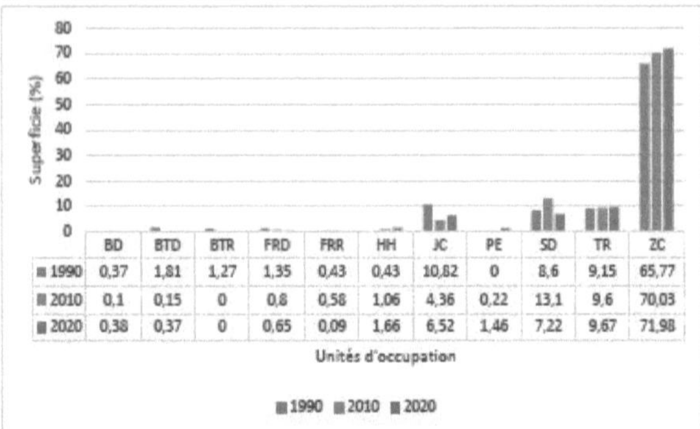

Legenda: BD: matagal degradado, **BTD:** matagal de tigre degradado, **BTR:** matagal de tigre regular, **FRD:** formações ripícolas degradadas, **FRR:** formações ripícolas regulares, **HH:** habitações humanas, **JC:** pousios, **PE:** massas de água, **SD:** superfícies nuas, **TR:** terreno rochoso, **ZC:** zonas cultivadas.

Figura 22: Alteração das unidades de utilização do solo entre 1990 e 2020

CONCLUSÃO DO CAPÍTULO

Em resumo, este capítulo mostra que os factores que conduzem à degradação das terras e à degradação dos serviços ecossistémicos no terroir são de vários tipos. Estes são determinados pelos parâmetros climáticos, através das suas variações frequentes, pelas caraterísticas físicas do solo, através da sua capacidade de resistência à erosão, e pelo comportamento do homem, através das suas diferentes actividades de ocupação, utilização e gestão do território. Esta análise mostrou que estes parâmetros actuam coletivamente para provocar uma alteração do ambiente e dos recursos naturais que este contém.

CAPÍTULO 4
DISCUSSÃO DOS RESULTADOS E PROPOSTA DE CONCEPÇÃO

Este último capítulo começa por discutir os resultados desta investigação e, em seguida, apresenta uma série de propostas para o futuro.
Esta investigação foi realizada com recurso a vários métodos: observação no terreno, cartografia (tratamento de imagens de satélite), análise e interpretação de dados de prospeção, dados climáticos e dados granulométricos.

4.1. DISCUSSÃO DOS RESULTADOS

4.1.1. Factores biofísicos da degradação dos solos

A análise dos dados climáticos e granulométricos revela que os factores biofísicos da degradação das terras nesta zona resultam não só da variabilidade climática mas também da textura do solo. Os resultados da análise dos dados climáticos confirmam esta hipótese. Esta análise revela que o parâmetro pluviométrico desta localidade se caracteriza por oscilações cada vez mais recorrentes entre anos húmidos e secos. Estas oscilações pluviométricas resultam ora em chuvas intensas, ora em secas, o que se repercute na erosão hídrica e eólica, transportando os nutrientes do solo. Este desprendimento de materiais expõe o solo à vulnerabilidade, comprometendo as suas diferentes funções. De um modo geral, este fenómeno pode ser observado em todo o continente africano. Isto é confirmado por J E. PATUREL et al, (1998) que afirmam que as séries anuais de precipitação registadas num certo número de estações que cobrem a África Ocidental e Central não saheliana mostram que os períodos secos e húmidos se alternam nesta região. É também o caso do Sahel e foi demonstrado por vários investigadores (OZER P. et al : 2010 ; MAJOLAINE C.et al : 2012 ; F. ROGER et al : 2011) relatados por B. BAGAGI ARZIKA, (2017). Estes autores mostraram que o Sahel registou uma diminuição significativa da precipitação nas últimas décadas. De acordo com as análises do Programa das Nações Unidas para o Ambiente, foram identificados dezanove "hotspots" climáticos na África Ocidental (PNUA, 2011), relatados por F. GEMENNE et al. (2017). Trata-se de zonas que foram duramente atingidas por inundações nos últimos anos, mas que também registam uma subida das temperaturas e um aumento substancial da frequência das secas.

Isto prova que as inundações, as secas, a interrupção das estações chuvosas e as ondas de calor são os fenómenos meteorológicos extremos mais tangíveis que afectam as populações da África Ocidental, como demonstrado por DARA (2013), citado por F. GEMENNE et al. (2017). Esta variação significativa da precipitação é também destacada em particular por P. OZER et al. (2015), que mostram que o Níger também tem enfrentado profundas mudanças ambientais, sociais e económicas nas últimas décadas, muitas vezes ligadas ao aumento do stress da precipitação.

Além disso, a composição granulométrica dos solos da zona, com predominância de fracções arenosas e siltosas, faz com que estes solos estejam expostos a todo o tipo de riscos erosivos. De facto, estes solos são vulneráveis não só à erosão hídrica, que, através de fortes aguaceiros, remove torrões de areia por salpicos, transportando-os para longe do local, mas também à erosão eólica, que transporta grandes quantidades de partículas finas. O impacto destes processos erosivos traduz-se em ravinamento e encrostamento do solo, que são os subtipos de degradação mais frequentemente observados na zona. Estes resultados são confirmados por autores como A. SIDO YACOUBA et al, (2018) que, através das suas investigações realizadas em Guillé Koira (Tondikandia), deduziram que a textura do solo nesta localidade é dominada por fracções franco-arenosas. A mesma observação foi feita por M. BAHARI IBRAHIM, (2009) que mostra que a granulometria da sua área de estudo é dominada por areias finas com um teor muito baixo de silte e argila em todos os transectos realizados, daí a sua vulnerabilidade ao risco de erosão. Estes mesmos tipos de solos foram também observados em Bogodjotou e Gassikaïna (no oeste do Níger) por I. BOUZOU MOUSSA e N. DAN LAMSO em 2004. DAN LAMSO em 2004. Estes confirmaram que estes solos são pobres em matéria orgânica e ricos em siltes e areias finas. Este facto facilita a formação rápida de películas superficiais ou de crostas superficiais, tanto mais que estão sempre mal protegidos contra o impacto das gotas de chuva.

4.1.2. Utilização dos solos e degradação dos solos

O tratamento das imagens de satélite mostra que o território desta localidade sofreu uma profunda alteração na sua ocupação e uso entre 1990 e 2020. Esta mudança traduz-se pela progressão, regressão e mesmo desaparecimento de certas unidades. Com efeito, a extensão das superfícies cultivadas e a redução dos pousios podem ser associadas ao crescimento demográfico, evidenciado pelos assentamentos humanos, e às condições climáticas imprevisíveis que já não correspondem às expectativas da população. Este facto incentiva os agricultores a aumentar a dimensão dos seus campos, abandonando a prática do pousio. O desaparecimento dos matagais regulares de tigre a favor dos matagais degradados pode dever-se não só à ação humana através da desflorestação, mas também às secas climáticas, que provocaram uma enorme perda de vegetação nos planaltos e nas encostas, resultando na disseminação de terrenos rochosos. Quanto à criação de massas de água, esta pode ser justificada pelo desnudamento dos planaltos, que já não conseguem reter a água que caiu. Esta água escorre para regressar às zonas baixas, daí o aparecimento de várias massas de água nos últimos anos. Estes resultados estão em consonância com os obtidos por investigadores como I. BOUZOU MOUSSA et al. 2009, A. INGATAN WARZAGAN, 2013, S. TAHIROU, 2017 e B. OUEDRAGO et al.2019 que revelaram que o Sahel está a enfrentar mudanças na sua paisagem natural ligadas às alterações climáticas e ao uso do solo, situação que tem consequências para os recursos naturais e os serviços que prestam. De acordo com os resultados desta mesma análise, as terras da zona estão degradadas de forma ligeira a muito grave. As terras moderadamente degradadas representam a maior parte da área, com 46,26%. Esta encontra-se apenas nas áreas cultivadas, que são mais ou menos lavradas pelos agricultores. A esta classe seguem-se as classes de degradação grave e muito grave, cujas superfícies são avaliadas em 24,09 e 18,09%, ou seja, mais de 1/3 da superfície total do terroir. Estes índices de degradação são observados nas unidades de formações ripícolas degradadas e regulares, nas massas de água e em algumas superfícies cultivadas situadas nos glaciares a montante para a degradação forte e nos matagais degradados, nos matagais de tigre degradados, nas superfícies nuas e nos terrenos rochosos para as terras severamente ou muito severamente degradadas. A proporção ligeiramente degradada é a classe em último lugar, com uma superfície estimada de 11,56%. Este baixo nível de degradação é observado nas unidades de pousio e em alguns campos de cultivo em torno das aldeias, que são menos afectados pela erosão. Estes resultados são semelhantes aos obtidos por S. TAHIROU (2017) que adoptou a mesma metodologia para avaliar a degradação dos solos na comuna de Sokorbé. O seu estudo mostra que nesta comuna, 3,56% das terras estão ligeiramente degradadas, 49,12% estão moderadamente degradadas e as áreas que estão severamente e muito severamente degradadas são 40,25% e 7,07% respetivamente.Esta ligeira diferença entre os resultados pode ser explicada pelo facto de a localidade em que este estudo foi realizado (Fandou Mayaki) ser uma área muito arenosa localizada num dos braços do dallol bosso, onde os efeitos da erosão são muito menos atenuados do que no outro ambiente. A agricultura de sequeiro é a atividade mais desenvolvida nesta zona. A prática desta atividade conduziu a alterações no uso e ocupação do solo nesta localidade. Por todo o lado se observam solos nus e superfícies incrustadas, reflectindo o estado de degradação do meio. Para além disso, os planaltos outrora cobertos por vegetação estão agora desprovidos desse coberto, dando lugar a terrenos rochosos. Esta situação parece ser geral em todo o Níger ocidental, como demonstrado por vários estudos (LOIREAU, 1998; S. YARO, 2008; I. BOUZOU MOUSSA. et al. BOUZOU MOUSSA et al (2011); T. ABDOURHAMANE, (2011) e ABBA (2013) citados por S. TAHIROU et al (2019). Além disso, este fenómeno de degradação manifesta-se nesta zona pelo solapamento das margens dos koris, pelo assoreamento e assoreamento dos corpos de água e pela formação de nebkas ao pé de árvores ou outros obstáculos. Estes resultados concordam com os de B. BAGAGI ARZIKA, (2017) que, de acordo com as suas análises, revelou que as diferentes formas de degradação registadas na bacia hidrográfica de Makéra II (Matankari) incluem deflações, ravinas, formação de dunas, solapamento das margens, assoreamento, incrustação e redução da cobertura vegetal. Mas há uma diferença entre o seu índice de degradação e o que obtivemos. Na sua bacia hidrográfica, as unidades fortemente a muito fortemente degradadas ocupam 87,24% da área da bacia, contra 11,08% das unidades moderadamente degradadas e 1,68% das unidades pouco degradadas. Este fenómeno de degradação terá certamente repercussões nos serviços ecossistémicos.

4.1.3. Percepções dos agricultores sobre a oferta de serviços ecossistémicos

Todos os seres humanos do mundo dependem, total ou parcialmente, dos ecossistemas e dos serviços que estes prestam, tais como alimentos, água, tratamento de doenças, regulação do clima, realização espiritual e prazeres recreativos (MEA, 2005). No entanto, os resultados dos dados recolhidos junto da população mostraram que estes serviços ecossistémicos já não estão a cumprir a sua função. Os serviços de abastecimento estão a ser perturbados tanto por mudanças nas práticas como pelo desaparecimento destas práticas. É o caso, por exemplo, da agricultura, a principal atividade da população, que passou de uma agricultura de sequeiro nos anos 90 para uma agricultura de sequeiro e horticultura de mercado nos últimos dez anos, com uma diversificação das variedades de culturas. Isto deve-se à degradação dos solos, que compromete a agricultura de sequeiro, e, para compensar o défice agrícola, a população decidiu praticar a horticultura comercial como meio complementar. Esta ideia está de acordo com o que S. TAHIROU em 2017 na comuna de Sokorbé, onde 64,10% dos agregados familiares inquiridos relataram que a degradação das terras tinha levado a uma queda na sua produção agrícola nos últimos cinco (5) anos e estava a dificultar a satisfação das necessidades alimentares. Esta situação é também confirmada pelo quadro 6, que mostra que a produção agrícola registou um crescimento reduzido nos últimos anos. A criação de gado também sofreu o mesmo destino que a agricultura. Esta atividade sofreu igualmente flutuações. Os tipos de pecuária identificados na zona são a sedentária, que é praticada por mais de 98% ao longo do período de 1990 a 2020, enquanto a transumante e a sedentária são praticadas por 37% em 1990 e 6% em 2020. As espécies cultivadas são igualmente afectadas por esta situação, uma vez que algumas desapareceram completamente da zona. As espécies pecuárias mais importantes são as cabras e as ovelhas. Esta situação deve-se à diminuição da produção de forragens, que é uma das consequências das alterações climáticas e da degradação dos solos, e ao facto de estas espécies serem as mais fáceis de criar. J. BLAMAT (2004) também fez esta observação. Afirma que no Burkina Faso a sustentabilidade e a sobrevivência da pecuária estão ameaçadas pelo efeito combinado de factores agronómicos, demográficos e climáticos, caracterizados pela escassez crescente dos recursos forrageiros, que constituem a base da alimentação do gado. Outros produtos dos serviços de abastecimento enfrentam igualmente o mesmo fenómeno de desestabilização sob o efeito amplificador das alterações climáticas, bem como os desequilíbrios entre o homem e a natureza. Os serviços de regulação, por seu lado, parecem ser os mais perturbados neste contexto ambiental dinâmico, caracterizado pela variabilidade ou alteração climática, pela perda de biodiversidade e pela degradação avançada dos solos. De facto, a perda de cobertura vegetal, que se traduz num aumento da temperatura, o aumento da erosão hídrica e eólica e a perturbação das funções desempenhadas pelos microrganismos são problemas importantes que dificultam os serviços de regulação. Em consequência desta situação, o ciclo hidrológico, que transfere a água entre a atmosfera, os rios e os lençóis freáticos, está a falhar, pois deixou de desempenhar o seu papel de repartição da precipitação entre a infiltração e o escoamento e a sua capacidade de armazenar água para as plantas e os organismos do solo. Além disso, conduz a uma perda significativa de carbono e a emissões consideráveis de gases com efeito de estufa, que, por sua vez, contribuem para as alterações climáticas. Isto reflecte-se na emergência de riscos relacionados com o clima que as formações vegetais existentes já não são capazes de mitigar, como mostra a Figura 14. Todos estes parâmetros mostram que a prestação de serviços de regulação também está comprometida. Isto tem um impacto negativo no serviço de auto-manutenção. Isto pode ser visto nas Figuras 11 e 12 que mostram que na área de estudo, as áreas reservadas para animais e plantas estão a ser mordiscadas pelos agricultores, levando ao seu encurtamento ou mesmo desaparecimento. Esta questão dos serviços ecossistémicos foi abordada por vários investigadores, que chegaram a resultados semelhantes. É o caso do relatório da Avaliação Ecossistémica do Milénio de 2005, que estima que cerca de 60% (15 em 24) dos serviços ecossistémicos estudados no âmbito da Avaliação Ecossistémica do Milénio estão a ser degradados ou explorados de forma irracional. Para além deste relatório, L. Bruno et al (2015) também fez esta constatação, afirmando que a maioria das comunidades biológicas está a desaparecer sob o efeito combinado das alterações climáticas e de outras pressões antropogénicas, afectando a funcionalidade dos ecossistemas à beira do colapso.

Com base em todas estas análises, que estão em consonância com o que foi revelado na área de estudo, não há dúvida de que os efeitos das alterações climáticas, em correlação com as pressões humanas, estão a ter um grande impacto nos recursos naturais dos quais depende a vida de muitas das populações do mundo. Isto está a perturbar a sua sobrevivência e a sua própria existência. É por isso que temos de propor alternativas de desenvolvimento para mitigar este fenómeno, que impede o desenvolvimento socioeconómico da região.

4.2. ALTERNATIVAS DE DESENVOLVIMENTO PROPOSTAS

Tendo em conta a situação preocupante de degradação das terras e dos serviços ecossistémicos observada nesta zona, é necessário adotar soluções de desenvolvimento alternativas. Num contexto marcado por variações climáticas e pela sobre-exploração dos recursos, que conduzem ao défice hídrico, à perda de coberto vegetal e à perda de solo, a recuperação é de importância primordial e está a tornar-se uma necessidade para aumentar a produtividade das terras e restaurar as funções e os serviços dos ecossistemas. Consequentemente, nas últimas décadas, desenvolveu-se um vasto leque de práticas de recolha de águas pluviais e de gestão dos solos para fazer face aos impactos negativos da degradação dos solos e aumentar a produtividade agrícola a longo prazo. Para este fim, sem ser demasiado exaustivo, propõem-se as seguintes técnicas e práticas para alcançar um sistema agroecológico que melhore os múltiplos serviços dos ecossistemas e aumente a produtividade global das culturas

4.2.1. Técnicas de conservação da água e do solo

Para conservar a água da chuva e preservar o solo, foram desenvolvidas várias práticas nos últimos anos. Estas práticas captam e retêm a água da chuva antes que esta escorra dos campos agrícolas e ajudam também a reter os sedimentos que fertilizam o solo. Trata-se, nomeadamente, do zaï ou tassa, dos cordões de pedra e das meias-luas.

4.2.1.1. Zaï ou tassa

O zaï ou tassa é uma técnica agrícola antiga, redescoberta após a grande seca de 1973/74 e aperfeiçoada pelas várias pessoas que trabalham com os agricultores. Trata-se de fazer buracos para as sementes com cerca de 30 a 40 cm de diâmetro e 10 a 15 cm de profundidade. A distância entre os buracos é de 70 a 80 cm, o que dá cerca de 10.000 buracos por hectare. Estes buracos são cavados perpendicularmente ao declive e num padrão escalonado. Esta disposição escalonada dos buracos garante uma recolha óptima da água de escoamento e retarda o fluxo de água sobre o terreno. A técnica zaï concentra e conserva os nutrientes e a água perto das raízes das plantas cultivadas. Para a maioria dos agricultores, a aplicação de fertilizantes orgânicos diretamente nas plantas é uma utilização económica de um fator de produção limitado. A aplicação de estrume orgânico nos buracos ajuda a restaurar a atividade biológica, a melhorar a fertilidade e a soltar o solo. Os zaï são escavados em terrenos marginais ou degradados que já não são cultivados, como os glaciares de baixa inclinação e os terrenos crestados em zonas com uma precipitação inferior a 800 mm por ano. Por outro lado, não é recomendado em solos arenosos e em zonas baixas. Nos solos arenosos, os buracos não são estáveis. Nas zonas baixas, os zaï correm o risco de ser inundados. A técnica do zaï é particularmente interessante em zonas onde a pressão fundiária é elevada. Pode também ser utilizada para recuperar terras adicionais. A fotografia 9 ilustra perfeitamente a eficácia da técnica zaï na recuperação de terras degradadas.

Foto n°9 : Zaï semeado num campo de cultivo, **Fonte** : Internet

4.2.1.2. Os cordões de pedra

Os cordões de pedra são dispositivos anti-erosivos constituídos por blocos de entulho/pedregulho montados em séries de dois ou três. São construídos em linhas ao longo de um contorno perpendicular ao declive após a remoção de 10 a 15 cm de solo ao longo da linha, como mostra a foto 10. Os topos das pedras atingem uma altura de 20-30 cm do solo. A distância entre as linhas de pedra é de 20 a 50 m, dependendo da inclinação do terreno (GIZ, 2012).

Encontram-se nos cumes dos planaltos, nas encostas e nos glaciares de forte declive, onde os solos são areno-siltosos a silto-arenosos, endurecidos ou incrustados. As barreiras de pedra são uma medida de luta contra a erosão dos lençóis freáticos causada pelo escoamento. Estas barreiras retardam o escoamento e distribuem-no de forma mais homogénea na zona ajardinada. A redução da velocidade de escoamento favorece a infiltração da água, evitando assim a perda de água da chuva. Ao travar a água, os cordões favorecem a sedimentação das partículas finas do solo transportadas pela água e pelo estrume.

A água excedente infiltra-se no solo e atravessa os cordões. Em caso de chuvas irregulares, os cordões de pedra ajudam assim a reter mais humidade no solo durante um período mais longo e a reduzir a escassez de água durante os períodos de seca. Estas técnicas funcionam melhor quando combinadas com medidas biológicas (relva, sebes, plantação de árvores), fertilizantes orgânicos e cobertura morta.

Foto n°10 : Glacis paisagístico com cordões de pedra, **Fonte** : Internet

4.2.1.3. Meias-luas

A meia-lua é uma estrutura de terra compactada ou de pedra com a forma de um semicírculo com aberturas perpendiculares à direção do fluxo de água e dispostas de forma escalonada. Esta disposição escalonada de meias-luas perpendiculares à direção do fluxo das águas superficiais permite captar a água de escoamento e colocá-la à disposição das plantas. Desta forma, as meias-luas reduzem a perda de água e de camadas férteis do solo. A médio prazo, as meias-luas favorecem a sedimentação e contribuem para a recuperação e a proteção dos terrenos nus e incrustados para fins agrícolas, pastoris ou florestais. Deste modo, os terrenos situados no interior das meias-luas, enriquecidos com adubos orgânicos, são utilizados para a cultura de cereais (meias-luas agrícolas), a plantação de espécies lenhosas e/ou a sementeira de plantas herbáceas (meias-luas silvopastoris). Tal como outras medidas anti-erosivas, as meias-luas reduzem a velocidade de escoamento das águas e contribuem para melhorar a sua qualidade. Isto é particularmente benéfico quando a precipitação é baixa e as meias-luas direcionam a água para as plantas, aumentando assim a disponibilidade de água.

No caso das meias-luas agrícolas, as culturas sobrevivem a períodos temporários de seca. Esta técnica é utilizada para a recuperação de terraplenagens, nomeadamente em planaltos, mas também pode ser utilizada em encostas mais baixas e em glaciares de forte inclinação. A fotografia 11 mostra um sítio em meia-lua desenvolvido pela ELD (2019) na comuna rural de Badaguichiri (Tahoua).

Foto 11: Sítio desenvolvido em meias luas, **Fonte:** A. ABDOU et al, ELD Tahoua, (2019)

Esta técnica permitiu a recuperação de terras degradadas nesta zona. Além disso, também permitiu aos beneficiários obter serviços ecossistémicos mais diversificados e mais importantes em termos de quantidade (A. ABDOU et al. 2019).

4.2.2. Técnicas de gestão dos solos e dos serviços ecossistémicos

Para responder aos impactos negativos da degradação dos solos e dos serviços ecossistémicos, as práticas de gestão dos solos foram inventariadas nas últimas décadas, a fim de otimizar a gestão dos recursos naturais e aumentar a produtividade agrícola. Na região do Sahel, as práticas mais favoráveis são a agro-silvicultura, a agricultura de conservação e a gestão integrada da fertilidade dos solos.

4.2.2.1. Agroflorestação

De acordo com R. WINTERBOTTOM et al (2013), a agrofloresta é uma prática de uso da terra que consiste na integração deliberada de árvores lenhosas perenes nas mesmas parcelas que as culturas ou o gado. As árvores e os arbustos nos sistemas agroflorestais podem ser regenerados e protegidos, ou plantados e geridos seletivamente. Os sistemas agroflorestais podem incluir tanto espécies nativas como espécies não nativas introduzidas. Quando os agricultores incluem espécies lenhosas que produzem madeira, forragem, folhas comestíveis e outros produtos, os sistemas agroflorestais evoluem para sistemas de produção mais complexos que podem proporcionar uma gama mais vasta de benefícios e sistemas agrícolas mais resistentes do que os baseados apenas na produção anual de cereais. Estas árvores lenhosas perenes utilizadas na agro-silvicultura interagem com os solos e as culturas para criar um sistema agro-ecológico que melhora os múltiplos serviços dos ecossistemas e aumenta a produtividade global das culturas.

A fotografia 12 mostra uma visão geral da agroflorestação.

Foto n°12 : Associação de culturas e parques com accacia albida, **Fonte :** Internet

4.2.2.2. Agricultura de conservação

A agricultura de conservação, como mostra a foto 13, é uma prática que tem como objetivo melhorar a fertilidade do solo e a eficiência do uso da água, especialmente em grandes explorações agrícolas. Baseia-se em três práticas relacionadas

Perturbação mínima do solo através de uma mobilização reduzida ou da adoção de técnicas de mobilização reduzida.

adequado para o cultivo ;
-retenção de resíduos de culturas ou manutenção de uma cultura de cobertura ;
-rotação de culturas ou diversificação de espécies cultivadas em sequência e/ou em associação.
A combinação destas técnicas aumenta o teor de matéria orgânica do solo, retém a sua humidade e protege as terras aráveis da erosão.

A adoção desta prática aumenta a infiltração da chuva, reduz o escoamento superficial e a poluição, melhora os microrganismos e sequestra o carbono do solo, para além de poupar nos custos de mão de obra R. WINTERBOTTOM et al. (2013).

Foto n°13 : Resíduos de culturas armazenados num campo até à próxima sementeira, **Fonte :** Internet

4.2.2.3. Gestão integrada da fertilidade do solo

A gestão integrada da fertilidade do solo é outra prática de gestão da terra e da água. para proteger os recursos da degradação. No seu sentido mais lato, refere-se à otimização da utilização das reservas de nutrientes do solo, dos recursos disponíveis localmente e dos fertilizantes para melhorar a produtividade das terras, mantendo ou aumentando a fertilidade do solo. As suas práticas de base centram-se na utilização combinada de quantidades judiciosas mas suficientes de fertilizantes e de corretivos do solo disponíveis. Estes corretivos do solo provêm principalmente de fontes locais de matéria orgânica, mas podem também incluir cal e rocha fosfática. Estas práticas de gestão do solo permitem manter o equilíbrio agro-ecológico, a resiliência ecológica e a estabilidade dos serviços ecossistémicos, assegurando simultaneamente a subsistência e uma variedade de meios de subsistência para os seres humanos (R. WINTERBOTTOM et al. 2013).

CONCLUSÃO DO CAPÍTULO

A discussão dos resultados em comparação com os encontrados por outros investigadores mostra que a área de estudo partilha caraterísticas quase semelhantes em termos de degradação do solo e de serviços ecossistémicos com todos os terroirs que foram objeto de estudos semelhantes. Para atenuar esta situação, foram propostas alternativas de desenvolvimento para melhorar a qualidade destes recursos ameaçados.

CONCLUSÃO GERAL

Tal como muitos outros projectos de investigação, este estudo também se insere num esforço contínuo para contribuir para uma compreensão mais profunda da degradação dos recursos naturais e da importância das medidas corretivas. O seu objetivo é, em primeiro lugar, avaliar a degradação das terras e dos serviços dos ecossistemas e, em segundo lugar, identificar métodos de gestão que possam combater eficazmente a degradação das terras e, consequentemente, preservar os serviços dos ecossistemas. Esta investigação foi possível através da observação no terreno e da utilização de imagens de satélite, por um lado, e da análise e interpretação de dados climáticos (pluviosidade), dados granulométricos e dados de inquéritos à população, por outro. A observação e a utilização de imagens de satélite revelaram que o território da zona de Fandou sofreu várias alterações devido ao uso e ocupação do solo. Estas alterações ambientais, produzidas pela interação do homem com a natureza, conduziram à degradação dos recursos naturais. Este facto é demonstrado pelo mapa do índice de degradação, que mostra que 46,26% das terras estão moderadamente degradadas e que as terras muito degradadas e fortemente degradadas representam mais de 42%. Além disso, os dados climáticos mostraram que o clima está sujeito a variações fortes e cada vez mais recorrentes, resultando numa alternância de fases húmidas e secas. Estas diferentes fases tiveram repercussões negativas no ambiente, modificando o seu funcionamento, quer através da rutura do seu equilíbrio ecológico, quer através da desestabilização das condições de superfície do solo. Em segundo lugar, a análise e a interpretação dos dados do inquérito forneceram a opinião da população sobre a prestação de serviços ecossistémicos e os métodos de gestão do território. A população tem a perceção de que os serviços prestados pelo ecossistema também estão a ser perturbados pelo homem ou pela natureza. Este facto reduz a sua capacidade de fornecer bens à população, que também assistiu a um enorme declínio dos serviços prestados pela maioria dos componentes do ecossistema. Por outro lado, os mesmos dados mostraram que os métodos de gestão adoptados pela população deste terroir se baseiam essencialmente na utilização de estrume orgânico, de coberturas vegetais, de resíduos domésticos, etc., bem como na utilização de pesticidas. Por último, foram utilizados dados granulométricos para caraterizar a textura dos solos da zona. Verificou-se que os solos desta localidade são maioritariamente compostos por areia. Isto significa que são simultaneamente sensíveis à erosão e vulneráveis a outros tipos de degradação, comprometendo assim a sua capacidade de produção agro-silvopastoril.

Estes resultados confirmam as nossas hipóteses de investigação de que :

- A degradação dos solos e dos serviços ecossistémicos é uma das principais preocupações nesta área.

- Os factores de degradação das terras devem-se à variabilidade climática, à natureza, à ocupação, etc., à forma como as terras são cultivadas e geridas nesta zona.

- Possíveis alternativas de gestão para preservar a terra e os serviços ecossistémicos Isto significa adotar boas práticas de gestão e conservação da água e do solo.

Para efeitos de investigação futura, seria importante prosseguir estas investigações à escala local e tentar avaliar o impacto deste fenómeno na vida socioeconómica da população.

REFERÊNCIAS BIBLIOGRÁFICAS

ABDOU Amani, ABDOULAHI SOULEY Chipkao, TIDJANI MAMAN Amina, HASSIMI MOUSSA Seyni, SABRA ABDOUL KADRI Amadou, SOULÉ AHMADOU Elhadji , KAIRE Maguette (2019). Economia da degradação da terra em Tahoua, Níger. Análise custo-benefício das actividades de recuperação de terras (bancos, meias-luas e cordões de pedra) em quatro locais na comuna rural de Badaguichiri. Um relatório da Iniciativa ELD no âmbito do projeto "Reversing land degradation in Africa through the large-scale adoption of agroforestry". 44 p. Disponível em www.eld- initiative.org.

ABDOULAYE Dia, AMADOU MOCTAR Niang (2010). "Le Projet Majeur Grande Muraille Verte de l'Afrique : contexte, historique, approche stratégique, impacts attendus et gouvernance". In: O projeto maior em África da Grande Muraille Verte: conceitos e execução. IRD: 11-27.

ADDAM KIARI Saidou, ABOUBACAR Ichaou (2016). "Gestão sustentável do solo no Níger: Constrangimentos, desafios, oportunidades e prioridades" In: La Revue Nature & Faune, Volume 30, Número 1: 31- 34.

AMADOU Ousmane (2016). Comportamento das estruturas escavadas em função da textura dos solos das unidades morfopedológicas da sub-bacia de Kobi (comuna de tondikandia). Tese de mestrado, Faculdade de Agronomia, Universidade Abdou Moumouni de Niamey. 52 p.

AMONMIDE I, DAGBENONBAKIN G, AGBANGBA C.E e AKPONIKPE P. (2019). "Contribution.à l'évaluation du niveau de fertilité des sols dans les systèmes de culture à base du coton au Bénin". Int.J. Biol. Chem. Sci. 13(3) :1846-1860.

AUDRIN Michaëla (2005). Erosão no Sahel: um estudo da infiltrabilidade do solo numa bacia hidrográfica do Níger. Dissertação final. ISTOM, Escola Internacional de Agro-Desenvolvimento. P.76.

BAGAGI ARZIKA Binta (2017). Vulnerabilidade dos recursos hídricos superficiais às mudanças climáticas e actividades humanas: o caso do charco Makera ii na comuna rural de Matankari. Dissertação de Mestrado, Departamento de Geografia, FLSH/UAM. 55 p.

BAHARI IBRAHIM Mahamadou (2009). Dinâmica hidrogéomorfológica atual do Kori Mountséka (Departamento de Birni Konni, Região de Tahoua) e seus efeitos socioeconómicos: abordagem metodológica. Dissertação DEA, Departamento de Geografia, Faculdade de Letras e Ciências Humanas, Universidade Abdou Moumouni. 65 p.

BARBANT Pierre (2008). Actividades humanas e degradação dos solos Indicadores e índices. IRD.365 p.

BARBANT Pierre (2010). Um método de avaliação e cartografia da degradação dos solos.

Proposta de diretrizes normalizadas. Os dossiers temáticos do CSFD. N°8. agosto de 2010. CSFD/Agropolis International, Montpellier, França. 52 p.

BLAMAH Jalloh (2004). Impact des aménagements antiérosifs sur les productions fourragères et le recyclage des nutriments au sahel. Dissertação final, Institut du Développement Rural de l'Université Polytechnique de Bobo-Dioulasso. 97 p.

BOUBACAR NA-ALLAH Abdoulaye (2014). Influence des aménagements antiérosifs sur la régénération du couvert végétal et la récupération des sols encroûtés dans les bassins versants de Tondi Kiboro (Sud-Ouest du Niger). Tese de mestrado, Departamento de Geografia, Faculdade de Letras e Ciências Humanas, Universidade Abdou Moumouni. 58 p.

BOUZOU MOUSSA Ibrahim, DAN LAMSO Nomaou (2004). "Le " Tassa " : une technique de conservation des eaux et des sols bien adaptée aux conditions physiques et socio-économiques des glacis des régions semi-arides (Niger) / A "tassa", uma técnica de conservação dos solos e da água bem adaptada às condições físicas e socioeconómicas dos glacis das regiões semi-áridas (Níger)". In: Revista de geografia alpina, Tomo 92 N°1 : 61-70.

BOUZOU MOUSSA Ibrahim, OUMAROU FARAN Maiga, JEAN-MARIE KARIMOU Ambouta,
BENOIT Sarr, LUC Descroix, MAHAMAN MOUSTAPHA Adamou. (2009). "Les conséquences géomorphologiques de l'occupation du sol et des changements climatiques dans un bassin-versant rural sahélien". Artigo de investigação, Sécheresse;20(1):145-152.

BRUNO Locatelli, MIGUEL Pedrono, DRISS Ezzine, DENIS Pesche, SERGE Morand, AURÉLIE Binot (2015). "Serviços ecossistémicos face às alterações climáticas" in Academia Accelerating the world's research :236-245.

CHEBBANI Rachid, DJILLI Kaddour, E. ROOSEric (1996). "Estudo a diferentes níveis dos riscos
d'érosion dans le bassin versant de l'isser, Algérie". Bull. Erosão n°16. : 85-95

CHRISTIAN Walter, ANTONIO Bispo, CLAIRE Chenu, ALEXANDRA Langlais e CHRISTOPHE Schwartz (2015). "Serviços ecossistémicos do solo: do conceito à avaliação". Cahiers Demeter: 53-68.

CONVENÇÃO DAS NAÇÕES UNIDAS PARA O COMBATE À DESERTIFICAÇÃO (CNULD).
(2015). Alterações climáticas e degradação dos solos: Linking knowledge to issues, results of the 3rd UNCCD Scientific Conference 9-12 March, Cancún, Mexico. 19 p.

DAN GOMMA Abdou, ISSA Salissou, ABASSE Tidjani, BANOIN Maxim, SCHLECHT Eva (2019). "Efeitos da recolha de forragens no ambiente e nas actividades agro-silvo-pastoris e comerciais nas regiões do Sahel no Níger". Int. J. Biol. Chem. Sci. 13(6): 2590-2602.

EDWIGE Botoni, CHRIS Reij (2009). A transformação silenciosa do ambiente e dos sistemas de produção no Sahel: Impactos do investimento público e privado na gestão dos recursos naturais. Relatório de síntese do estudo SAHE sobre o Burkina Faso, o Mali, o Níger e o Senegal. 63 p.

Iniciativa ELD. (2019). Campus ELD. Módulo: Degradação da terra versus gestão sustentável da terra. 32 p. Disponível em www.eld-initiative.org.

ELHADJI MOUSSA Sani (2007). Évaluation du ruissellement et de l'érosion potentiels à Wankama, degré carré de Niamey. Tese de mestrado, Departamento de Geografia, Faculdade de Letras e Ciências Humanas, Universidade Abdou Moumouni. 60 p.

FOLK R L, WARD W C. (1957). "Barra dos rios Brazos: um estudo sobre o significado dos parâmetros de tamanho de grão". Journ. Sc. Petrol. Tulsa Okla, N°1, Vol. 27: 3 - 26.

FOURATI Marwa, BOUAZIZ Riadh, ELAMRI Asma, MAJDOUB Rajouene (2015). "Técnicas de conservação da água e do solo na bacia hidrográfica de oued sidi Salah (sfax-tunisia): ensaio de avaliação". Revista argelina do ambiente árido 26 vol. 5, n.º 2, dezembro de 2015: 26-38.

GEMENNE François, BLOCHER Julia, DE LONGUEVILLE Florence, VIGIL DIAZ TELENTI Sara,

ZICKGRAF Caroline, GHARBAOUI Dalila e OZER Pierre (2017). Alterações climáticas, catástrofes naturais e deslocação de populações na África Ocidental. 22 p.

IPCC. (2013). Glossário [Planton, S. (coord.)]. In: Climate Change 2013: The Scientific Evidence. Contribuição do Grupo de Trabalho I para o Quinto Relatório de Avaliação do Painel Intergovernamental sobre as Alterações Climáticas, Cambridge University Press, Cambridge, Reino Unido e Nova Iorque, NY, EUA: 185-204.

GIZ. (2012). Boas práticas de conservação da água e do solo, uma contribuição para a adaptação às alterações climáticas e a resiliência dos produtores no Sahel. Ministério Federal Alemão da Cooperação Económica e do Desenvolvimento. 59 p.

YADJI Guéro, N. DAN LAMSOomaou (2006). Projectos de recuperação de recursos naturais e fertilidade dos solos. Estudos do Sahel, CRESA DE NIAMEY. 34 p.

HASSIMIOU HALIDOU Djabri, ABDOU MAMAN Manssour, ALZOUMA MAYAKI Zoubeirou (2020). "Caracterização do solo do sítio degradado de Sakey koira Tegui no Níger para uma melhor reflorestação com Acacia senegal". Int. J. Biol. Chem. Sci. 14(4): 1470-1478.

ILBOUDO Adama, SOULAMA Soungalo, HIEN Edmond, ZOMBRE Prosper (2020). "Percepções dos agricultores sobre a degradação dos recursos naturais nas terras baixas da zona Sudano-Saheliana: o caso da sub-bacia hidrográfica de Nakanbé-Dem no Burkina Faso". Int. J. Biol. Chem. Sci. 14(3): 883-895.

INGATAN WARZAGAN Agahli (2013). Aménagements antiérosifs et écoulements dans un petit bassin versant expérimental endoréique (sud-ouest du Niger). Tese de mestrado,

Departamento de Geografia, Faculdade de Letras e Ciências Humanas, Universidade Abdou Moumouni. 93 p.

INGATAN WARZAGAN Aghali (2011). Consequências da degradação da mata do tigre de Fakara (sudoeste do Níger) sobre a génese e o aumento do escoamento superficial. Tese de mestrado, Departamento de Geografia, Faculdade de Letras e Ciências Humanas, Universidade Abdou Moumouni. 82 p.

INSTITUT NATIONAL DE LA STATISTIQUE (2015). Estado e estrutura da população do Níger em 2012. 54 p.

JONATHAN Lash, BJÖRN Stigso, JOHN Ehrmann (2009). Valuation of Ecosystem Services to Business: A Practical Guide to Identifying Risks and Opportunities from Ecosystem Change, Versão 1.0. 43 p.

KADER Mohamed, HAMIDOU Djibo, PHILIPPE Morant (2008). Recuperação de terras degradadas no vale do rio Níger: uma experiência bem sucedida de gestão participativa de recursos naturais frágeis. Workshop Internacional APPRI2008. outubro de 2008, Ouagadougou, Burkina Faso. CIRAD-00406261. 4 p.

KOHIO Edmond, TOURE Alassane, SEDOGO Michel, AMBOUTA Karimou. (2017). "Constrangimentos à adoção de boas práticas de gestão sustentável das terras nas zonas sudanesa e sudanesa-saheliana do Burkina Faso". Int. J. Biol. Chem. Sci. 11(6): 2982-2989.

KOUSSA M, BOUZIANE T. (2018). "Contribuição do SIG para o mapeamento de áreas em risco de erosão.
hydrique dans la région de Djelfa, Algérie". Journal Scientifique Libanais, 19(1) :31-46.

LAMINOU MANZO Ousmane, AMANI Abdou, DAN GUIMBO Iro, RACHIDI ABDOU Harouna,
MAHAMANE Ali (2020). "Impactos dos banquetes na recuperação de terras degradadas no Níger".
in Journal of Applied Biosciences 151 :15510 - 15529.

MAHAMANE Ali, SALEY Karim, SAADOU Mahamane, JAUFFRET Sandrine, WATA Issoufou, YACOUBOU Bakasso, MOROU Boubé, DIOUF Abdoulaye, MAMANE MAAROUHI Inoussa, ISSAKA Abassa, ZAMAN-ALLAH Mainassara, ICHAOU Aboubacar, ABOUBACAR Issa, TANIMOUNE Arzika (2009). Variabilidade climática no Níger: impactos potenciais na distribuição da vegetação. 14º Colóquio Internacional de Avaliação Ambiental - Niamey sobre o tema: Climate change and environmental assessment - issues and tools for impact assessment and the development of adaptation plans. 28 p.

MALAM ABDOU Moussa. (2005). Genèse et morphodynamique actuelle des bas-fonds sahéliens : étude comparative de quelques bas-fonds ruraux de socle et de bassin sédimentaire dans l'ouest nigérien. Tese de mestrado, Departamento de Geografia, FLSH/UAM. 141 p.

MEA. (2005). Relatório de Síntese da Avaliação Ecossistémica do Milénio Projeto final para revisão e impressão. 159 p.

MINISTERE DU PLAN. (2020). Segundo relatório nacional voluntário sobre os objectivos de desenvolvimento sustentável no Níger. 111p.

MOUKAILA Yayé (1988). Utilização pastoril dos planaltos da unidade Centro-Leste do Cantão de Tondikandia. Relatório de estágio. Faculdade de Agronomia, Universidade Abdou Moumouni, Niamey. 42 p.

OUEDRAGO Blaise, KABORE Oumar, KABORE Martine (2019). "Mapeamento quantitativo da erosão do solo por GIS / RUSLE aproach na comuna de Karangasso Vigué, Burkina Faso". Int. J.Biol.Chem.Sci 13(3): 1638-1653.

OUSSEINI SIDIKOU, Fati (2015). Effets des ouvrages CES/DES sur la résilience des socio-économiques de la zone d'intervention du projet REGIS-ER : cas de la commune rurale de Tondikandia (Département de Filingué, région de Tillabéry, tese de mestrado, Departamento de Geografia, FLSH/UAM. 55 p.

OZER Pierre, DJABY Bakary, DE LONGUEVILLE Florence. (2015). Évolution récente des pluviométriques au Niger (1950-2014), Workshop "Coopération Universitaire au Développement avec le Niger" Université de Liège, Arlon Campus Environnement. 18 p.

PATUREL Jean-Emmanuel, SERVAT Eric, DELETTRE Marie-Odile, LUBES-NIEL Hélène (1998). Análise de séries de precipitação a longo prazo na África Ocidental e Central não saheliana num contexto de variabilidade climática. Journal des sciences hydrologiques 43(6). 937-946

PLANO DE DESENVOLVIMENTO COMUNAL (PDC) (2020). Plano de desenvolvimento comunal replanejado da comuna rural de Tondikandia. 184 p.

PROJECTO RESCCUE (2016). Avaliação da perda de serviços ecossistémicos associados à atividade mineira.
V2. 63 p.

REPUBLIQUE DU NIGER, MINISTERE DE L'ENVIRONNEMENT ET DE LA LUTTE CONTRE LA DESERTIFICATION (2001). Nomenclature pour la construction de bases de données sur l'occupation des sols au Niger au sud du 16eme parallèle, final version. Direção do Ambiente. 70 p.

RIVES Fanny, DENIS Pesche, PHILIPPE Méral, STÉPHANIE Carrière. (2016). Serviços ecossistémicos: um conceito debatido em ecologia. 22 P.

ROOSE Eric, DE NONI George (1998). "Apport de la recherche à la lutte antiérosive, bilan mitigé et nouvelle approche". ORSTOM, Laboratório de Comportamento dos Solos cultivados, Montpelier. Études et gestion des Sols .5.3: 181-194.

SEYNI MOUSSA Ibrahim (2008). Estado dos solos das zonas aménagées pelo Projeto Agro-Silvo-Pastoril (P.A.S.P) Tillabéri-nord e ensaio de elaboração de um Sistema de Informação

Geográfica (SIG) para um acompanhamento ambiental: caso da comuna de Kourthey (Sansané Haoussa). Dissertação DEA, Departamento de Geografia, FLSH/UAM. 93 p.

SIDO YACCOUBA Amir, YADJI Guero, MAMANE TCHIKAMA Mella, ABDOURHAME ISSA
Nourou (2018). "Caracterização dos solos de Guillé Koira e Lassourou nas comunas rurais de Imanan e Tondikandia no Níger para melhorar o cultivo de arroz em torno de lagoas". Int. J.Biol. chem. Sci.12(6): 2474-2485.

TAHIROU Souley, WAZIRI MATO Maman, ABBA Bachir (2019). " Dégradation des terres et vulnérabilité des populations de la commune rurale de Sokorbé face au changement climatique et a la pression anthropique ". Revue de Géographie de l'Université de Ouagadougou, No. 08, Volume 1, outubro de 2019: 19-41.

TAHIROU Souley. (2017). Degradação da terra e vulnerabilidade das populações da comuna rural de Sokorbé (região de Dosso) num contexto de mudanças climáticas e pressão antropogénica. Tese de mestrado, Departamento de Geografia, FLSH/ UAM.79 p.

TOSSOU EDJROGAN Michaël, ADECHINA ARCHANGE Rodrigue, HOUNKPE BIDOSSÈSSI Jéchonias, KELOME CARINE Nelly, SY BOUBOU Aldiouma, DIAW AMADOU Tahirou (2019). "Análise granulométrica e cartografia dos sedimentos superficiais da lagoa costeira do Benim (África Ocidental)". Revista Científica Europeia, Vol 15, N°24, Doi:10.19044/esj. 2019.v15n24: 294- 314.za

TRASK P. (1932). Origin and environment of source sediments of petroleum Golf publishing Co, Houston, Texas, U.S.A. 323 p.

WENTWORTH K H. (1922). "Uma escala de grau e termos de classe para sedimentos clásticos". Jornal de Geologia 30: 377-392.

WINTERBOTTOM Robert, CHRIS Reij, DENNIS Garrity, JERRY Glover, DEBBIE Hellums, MIKE Mcgahuey, SARA Scherr (2013). Melhorar a gestão da terra e da água. Documento de discussão, episódio 4 de Creating a Sustainable Food Future. Washington, DC:WorldResourcesInstitute. 44 P. Disponível em: http://www.worldresourcesreport.org.

YAMBA Boubacar (1989). "Pressão fundiária e degradação do ambiente natural". In: aménagement rural en Afrique de l'Ouest: le cas du Niger. Université Libre de Lausanne: 29-44.

MIX
Papier aus verantwortungsvollen Quellen
Paper from responsible sources
FSC® C105338

Printed by Books on Demand GmbH, Norderstedt / Germany